Roland Bauböck

Bioenergie im Landkreis Göttingen

GIS-gestützte Biomassepotentialabschätzung
anhand ausgewählter Kulturen, Triticale und Mais

ERDSICHT - EINBLICKE IN GEOGRAPHISCHE UND GEOINFORMATIONSTECHNISCHE ARBEITSWEISEN

Schriftenreihe des Geographischen Instituts der Universität Göttingen, Abteilung Kartographie, GIS und Fernerkundung

Herausgegeben von Prof. Dr. Martin Kappas

ISSN 1614-4716

11 *Mareike Lehrling*
Klimaentwicklung in Alaska - eine GIS-gestützte Erfassung und Analyse der raum-zeitlichen Entwicklung von Temperatur und Niederschlag
ISBN 3-89821-670-5

12 *Daniel Karthe*
Trinkwasser in Calcutta
Versorgungsproblematik einer indischen Megastadt
ISBN 3-89821-661-6

13 *Enrico Kalb*
Landnutzungsinterpretation und Erosionsmodellierung der Küstenregion von Nordost Bali, Indonesien
ISBN 3-89821-666-7

14 *Anke Gleitsmann*
Exploiting the Spatial Information in High Resolution Satellite Data and Utilising Multi-Source Data for Tropical Mountain Forest and Land Cover Mapping
ISBN 3-89821-727-2

15 *Arno Krause*
Einführung eines GIS für die Landwirtschaftsverwaltungen der BRD auf Grundlage EU-rechtlicher und nationaler Verordnungen
unter besonderer Berücksichtigung des Bundeslandes Mecklenburg-Vorpommern
ISBN 3-89821-738-8

16 *Pavel Propastin*
Remote sensing based study on vegetation dynamics in dry lands of Kazakhstan
ISBN 978-3-89821-823-8

17 *Matthias Stähle*
Trinkwasser in Delhi
Versorgungsproblematik einer indischen Megastadt
ISBN 978-3-89821-827-6

Roland Bauböck

BIOENERGIE IM LANDKREIS GÖTTINGEN

GIS-gestützte Biomassepotentialabschätzung anhand ausgewählter Kulturen, Triticale und Mais

ibidem-Verlag
Stuttgart

Bibliografische Information der Deutschen Nationalbibliothek
Die Deutsche Nationalbibliothek verzeichnet diese Publikation in der Deutschen Nationalbibliografie; detaillierte bibliografische Daten sind im Internet über http://dnb.d-nb.de abrufbar.

Bibliographic information published by the Deutsche Nationalbibliothek
Die Deutsche Nationalbibliothek lists this publication in the Deutsche Nationalbibliografie; detailed bibliographic data are available in the Internet at http://dnb.d-nb.de.

Coverabbildung: Ganzpflanzensilage-Ernte, fotografiert von M. Karpenstein-Machan

∞

Gedruckt auf alterungsbeständigem, säurefreien Papier
Printed on acid-free paper

ISSN: 1614-4716

ISBN-10: 3-89821-959-3
ISBN-13: 978-3-89821-959-4

Printed in Germany

Inhaltsverzeichnis

Inhaltsverzeichnis ... 4
1. Einleitung ... 7
1.1 Die gegenwärtige Energieproblematik ... 7
1.2 Energiebedarf und Energiebereitstellung in der BRD ... 8
1.3 Potentiale der Energie aus Biomasse in Deutschland ... 9
1.4 Derzeit installierte Erzeugungsleistungen im Bereich Bioenergie ... 9
1.5 Gesetzliches Lenkungsinstrument zur Förderung erneuerbarer Energie – das EEG-Gesetz von 2000. ... 10
1.6 Bioenergie in Niedersachsen ... 11
1.7 Bioenergie im Landkreis Göttingen ... 12
1.8 Eckdaten zum Bioenergiedorf Jühnde ... 12
2. Das Untersuchungsgebiet - Der Landkreis Göttingen ... 15
2.1 Verwaltung und Agrarstruktur ... 15
2.2 Der Naturraum des Untersuchungsgebietes ... 16
2.2.1 Geologie und naturräumliche Gliederung ... 16
2.2.2 Klimatische Gliederung des Gebietes ... 19
2.2.3 Bodenarten ... 20
2.2.4 Bodengüte nach Ackerzahlen ... 21
3. Pflanzenbauliche Aspekte ... 22
3.1 Mais (Zea Mays) ... 22
3.2 Triticale ... 25
4. Faktoren des Pflanzenwachstums ... 29
4.1 Die Photosynthese ... 29
4.2 Liebigs Gesetz des begrenzenden Faktors ... 29
4.3 Kohlenstoffdioxid als Ertragsbegrenzender Faktor ... 30
4.4 Wasser als Ertragsbegrenzender Faktor ... 30
4.5 Licht und Strahlung als limitierender Faktor ... 32
4.6 Temperatur als limitierender Faktor ... 33
5. Boden – Pflanze – Atmosphäre ... 36
5.1 Strahlung und Pflanzenwachstum ... 37
5.2 Die Evapotranspiration ... 39
5.2.1 Generalisiertes Verhalten der Evapotranspiration ... 44
5.3 Der Transpirationskoeffizient ... 47
5.3.1 Abhängigkeit des ETK von Düngung und Wasserverfügbarkeit ... 49
6. Vorgehensweise und Datengrundlage ... 53
6.1 Fragestellungen zur Ermittlung des Biomassepotentials ... 53
6.2 Primärdaten ... 58
6.2.1 Klimarasterdaten ... 58
6.2.2 Regionalisierung der Klimadaten ... 59
6.2.3 Strahlung ... 60
6.2.4 Niederschläge ... 61
6.2.5 Die Verdunstung ... 61
6.2.6 Bodendaten ... 62
7. Die Untersuchungsmethode ... 67
7.1 Der Untersuchungsansatz ... 67
7.2 Vorgehensweise bei der eigentlichen Datenanalyse ... 86
7.3 Überprüfung der Untersuchungsmethode ... 92
7.4 Diskussion der Ergebnisse aus der Überprüfung ... 93

8. Die Schablonen der Ertragsberechnungen 99
8.1 Idealisierter Wachstumsverlauf aus den Schablonen 99
8.1.1 Wintertriticale 100
8.1.2 Silomais 102
8.1.3 Zweikulturnutzung auf den Grundwasserböden 104
9. Darstellung der berechneten Ergebnisse 107
9.1 Wintertriticale 107
9.2 Silomais 111
9.3 Die Grundwasserböden 114
10. Im Modell ermittelte Ertragsverläufe 117
10.1 TS-Produktion und Verläufe für Triticale 117
10.2 TS-Produktion und Verläufe für Silomais 118
10.3 TS-Produktion und Verläufe für die Grundwasserböden 120
11. Die Teilerträge der Gemeinden 123
11.1 Jühnde 123
11.2 Krebeck 123
11.3 Landolfshausen 124
11.4 Wollbrandshausen 124
12. Rechnerisch mögliche Biomasseerträge 127
13. Zusammenfassung 131
13.1 Zusammenfassung der Ergebnisse 131
14. Anhang 135
15. Abbildungsverzeichnis 177
16. Kartenverzeichnis 178
17. Tabellenverzeichnis 178
18. Literaturverzeichnis 180

1. Einleitung

1.1 Die gegenwärtige Energieproblematik

Bis zum Jahr 1950 kam die derzeitige Weltbevölkerung noch mit zwei Mrd. Steinkohleeinheiten (SKE) aus. Im Jahr 2000 war es schon die sechsfache Menge, nämlich 12 Mrd. SKE.

Im selben Zeitraum ist die Weltbevölkerung nur um den Faktor 3 angestiegen, was eine Verdoppelung des Energieverbrauchs anzeigt (Marutzky und Seeger, 2002).

Zur Problematik der immer größer werdenden Menge an Energie, die für die wachsende Weltbevölkerung bereitgestellt werden muss, kommt noch erschwerend hinzu, dass die Energieträger, die derzeit den Primärenergieverbrauch in den meisten Ländern der Erde ausmachen, nur noch begrenzte Reserven bieten.

Je nach Energieträger liegen die unter heutigen wirtschaftlichen Gesichtspunkten förderbaren Mengen an Öl und Erdgas noch bei einer Reichweite von etwa 40-60 Jahren. Bei Stein- und Braunkohle werden Reichweiten von über 200 Jahren angenommen. Die derzeit bekannten und für den Abbau in Frage kommenden Uranvorräte, werden innerhalb der nächsten Jahrzehnte erschöpft sein.

Was die Welt-Erdölvorräte angeht, ist der "midpoint of depletion" oder auch "peak oil" genannte Punkt, an dem die maximalen Fördermengen erreicht sind, schon für das erste Drittel diesen Jahrhunderts prognostiziert (Berechnungen verschiedener Autoren).

Entgegen dem weltweiten Trend ist es gelungen den Energieverbrauch in den traditionellen Industrieländern vom Wirtschaftswachstum abzukoppeln und die Energieintensität zu senken.

Dies ist, wie auch hier in Deutschland, durch Energieeinsparungen in den Produktionsprozessen der Wirtschaft und in den privaten Haushalten erreicht worden.

Trotz dieses positiven Trends sollte eine weitere Erschließung regenerativer Energien hierzulande angesichts der sehr wahrscheinlichen Verknappung und/oder Verteuerung fossiler Energieträger in der nahen Zukunft vorangetrieben werden.

Ein weiterer Grund der für die Förderung regenerativer Energiequellen spricht, sind die zurzeit viel diskutierte CO2-Problematik und der damit verbundene Klimawandel.
Die so genanten regenerativen (erneuerbaren) Energien und somit auch die Nutzung von Energie aus pflanzlicher Biomasse sind weitestgehend CO2-neutral, wenn man von einem vergleichsweise geringen Energieeinsatz für deren Gewinnung (Anbau, Ernte) einmal absieht.
Weiterhin haben sich die unterzeichnenden Staaten des Kyoto-Protokolls (UNFCCC 1997) verpflichtet ihre CO2-Ausstoßmengen schrittweise zu reduzieren. Für Deutschland bedeutet dies, dass bis 2010 12% des Bruttoinland - Energieverbrauchs aus erneuerbaren Energien gedeckt werden soll und die Anteile von Ökostrom und Bio-Kraftstoffen jeweils 22% bzw. 5,75% betragen sollen
Dies soll in Deutschland durch einen kombinierten Ansatz von Energieeinsparungen (Energieproduktivitätsanstieg) sowie einen größeren Anteil an regenerativen Energien am Gesamtenergieverbrauch erreicht werden.

1.2 Energiebedarf und Energiebereitstellung in der BRD

Der derzeitige Energieverbrauch an Primärenergie (Primärenergieträger sind z.B. Öl, Kohle oder Rohbiomasse) beträgt etwa 14,2 EJ (BMU, 2006) – Tendenz leicht sinkend. Hiervon stammen etwa 6,6% aus erneuerbaren Quellen, der Rest verteilt sich zu ähnlich großen Anteilen von 11-13% auf die beiden Kohlearten und die Kernenergie und zu fast 60% auf Öl und Gas.
An der Stromgewinnung sind die erneuerbaren Energien mit derzeit 9,3% beteiligt. Der größte Anteil wird von Windenergie (43%), gefolgt von Wasserkraft (33%) und Biomasse (16,5%) bereitgestellt.
An der Wärmeerzeugung hat die Biomasse einen erheblich größeren Anteil und macht mit 71,6 TWh fast 89% der Energiegewinnung aus. Dies wird vorwiegend durch Holzverbrennung erreicht. Etwa 1,6% (1 TWh) der Wärme wird durch biogene gasförmige Stoffe, aus Biogasanlagen im engeren Sinne bereitgestellt.
Bei den Kraftstoffen liegt die aus Biomasse erzeugte Energie, mit 22,5 TWh, schon deutlich höher. Insgesamt werden mit erneuerbaren Energien 167 TWh oder eben 6,6% des Gesamtenergiebedarfs (2005) gedeckt.

Die genannten Anteile der durch Biogasgewinnung erzeugten Energie sind, gemessen am Gesamtenergieverbrauch in der BRD, relativ gering. Das dies nicht unbedingt so bleiben muss, lässt sich aus den errechneten Potentialen für die Energiegewinnung aus Biomasse im Gebiet der BRD nachvollziehen.

1.3 Potentiale der Energie aus Biomasse in Deutschland

Laut Angaben des BMU (2006), könnte Energie aus Biomasse insgesamt 50 TWh zum Strombedarf, 150 TWh zur Wärmebereitstellung und 155 TWh zum Kraftstoffbedarf (jeweils pro Jahr) beisteuern. Nach den Berechnungen des Ministeriums liegt die derzeitige Nutzung bei 112 TWh/a
Nach Angaben der Fachagentur für Nachwachsende Rohstoffe (2003) (Ministerium für Verbraucherschutz, Ernährung und Landwirtschaft), liegt allein in der Nutzung der biogenen Festbrennstoffe ein Potential von 311 TWh, welches derzeit nur zu 24% augeschöpft wird.
Kaltschmitt und Hartmann (2001) geben die technischen Potentiale der Biomasse in Deutschland, also die Potentiale, die unter Berücksichtigung der gegebenen technischen Restriktionen nutzbar sind und die gleichzeitig ökologische und gesetzliche Eingrenzungen berücksichtigen, mit 919 PJ/a, also 255 TWh/a an. Hierzu können die Methangasgewinnung aus Deponien, Kläranlagen und Biogasanlagen 145 PJ/a und der Anbau von Energiepflanzen 400 PJ/a beitragen.
Im Falle der BMU-Berechnung könnte die Biomasse etwa 9,7% des derzeitigen Primärenergiebedarfs decken, die FNR kommt auf 8,5% und bei Kaltschmitt und Hartmann sind es 7%.
Die Potentiale der Biomasse sind bei der Stromerzeugung bisher zu 27%, bei der Wärmebereitstellung zu 50% und bei den Kraftstoffen nur zu 15% ausgeschöpft.

1.4 Derzeit installierte Erzeugungsleistungen im Bereich Bioenergie

Ende 2002 waren in Deutschland etwa 75 mit einer installierten Leistung von 300 MW in Betrieb.

Im Jahr 2003 wurden 15 neue Anlagen zur Verstromung von fester Biomasse mit einer Gesamtleistung von 140 MW in Betrieb genommen.
In den letzten Jahren ist den leistungsfähigeren Anlagen, im Bereich von 5-20 MW, eine größere Bedeutung zugekommen.
Allgemein lässt sich am Markt ein vermehrter Trend zur Energiegewinnung aus Biomasse feststellen.
Dies fängt beim Endverbraucher mit dem vermehrten Einsatz von Holzöfen und Pelletheizungen an und setzt sich auf der nächst höherer Ebene mit einer Zunahme von kleineren Biogasanlagen fort. So beträgt der gesamte Bestand an Holzzusatzheizungen in deutschen Haushalten derzeit rund 7,8 Mio. Stück (Stand 2002),
wobei sich diese Anzahl seit dem Jahr 2001 um rund 250.000 Anlagen erhöht hat. Insgesamt wurden im Jahr 2001 in Deutschland rund 12,3 Mio. t Holz als Brennstoff in diesen Kleinfeuerungen eingesetzt und machen somit Holz zum derzeit wichtigsten Festbrennstoff (alle Zahlen zu den installierten Leistungen aus den im Literaturverzeichnis gelisteten Internetquellen: Biogasfachverband, Holzpelletsmarkt, Landfolk)

1.5 Gesetzliches Lenkungsinstrument zur Förderung erneuerbarer Energie – das EEG-Gesetz von 2000.

Das Erneuerbare Energien Gesetz und dessen Novelle von August 2006 sollen eine Grundlage bilden, die eine wirtschaftliche Verstromung von Biogas in der BRD ermöglicht.
Durch die gesetzliche Festschreibung des aus erneuerbaren Energien erzeugten Strompreises soll auch die Wirtschaftlichkeit von kleineren Biogasanlagen gesteigert werden.
Nach dem EEG wird Strom aus Anlagen bis zu 150 KW elektrische Leistung mit 11 Cent/KWh vergütet. Anlagen bis 500 KW erhalten Vergütungen von 9,9 Cent/KWh.
Zusätzlich werden 6 Cent NawaRo- (Nachwachsende Rohstoffe) und 2 Cent KWK-Bonus (Kraft-Wärme-Kopplung) gezahlt (Quelle: Internet-Enzyklopädie Wikipedia)

1.6 Bioenergie in Niedersachsen

Seit der letzten Novellierung des oben erwähnten Erneuerbaren Energien Gesetzes (EEG) im Frühjahr 2004 sind bis Ende 2005 über 150 neue Biogasanlagen in Betrieb genommen worden. Die durchschnittliche installierte elektrische Leistung dieser Anlagen liegt bei ca. 550 kW. Bis Ende 2005 waren etwa 430 Biogasanlagen mit einer installierten elektrischen Leistung von 220 MW in Niedersachsen im Betrieb. Bis zum Jahresende 2006 werden es voraussichtlich 600 Biogasanlagen mit mindestens 300 MW installierter Leistung in Niedersachsen sein. Die neu gebauten Anlagen setzen überwiegend nachwachsende Rohstoffe (NaWaRo) mit oder ohne Gülle ein. Dieser Biogasboom in Niedersachsen, mit der damit verbundenen Zunahme des Energiepflanzenanbaus, hat in vielen Regionen auch schon zu einer Veränderung der Nutzung landwirtschaftlicher Flächen geführt. Im Zusammenhang mit den neuen Biogasanlagen wird insbesondere verstärkt Mais angebaut.

Derzeit werden in Niedersachsen etwa 2,6 Mio. Hektar Fläche landwirtschaftlich genutzt. Davon sind etwa 1,85 Mio. Hektar Ackerland und etwa 0,75 Mio. Hektar sind Grünland. Der derzeitige Produktionsanteil nachwachsender Rohstoffe an der gesamten landwirtschaftlichen Fläche Niedersachsens beträgt gegenwärtig rund sieben Prozent. Im Jahr 2006 wurden auf etwa 145.000 Hektar Energiepflanzen angebaut. Hierbei handelt es sich im Wesentlichen um etwa 55.000 Hektar Rapsanbau für die Gewinnung von Biodiesel und 72.000 Hektar Maisanbau für Biogas. Getreideanbau für die Biogasgewinnung spielt in Niedersachsen zurzeit kaum eine Rolle.

Der Anteil der stillgelegten Flächen hat im letzten Jahr leicht abgenommen und lag 2006 bei 109.449 ha (Niedersächsisches Landesamt f. Statistik 2006) Laut einer Pressemitteilung des niedersächsischen Landwirtschaftsministeriums könnte der Energiepflanzenanbau mittelfristig auf über 10 Prozent der Ackerflächen ausgeweitet werden. (alle Zahlen aus Pressemitteilung des Landwirtschaftsministeriums Niedersachsen, 2007 sowie Bundesamt für Statistik 2006).

1.7 Bioenergie im Landkreis Göttingen

Im Landkreis Göttingen ist Anfang des neuen Jahrtausends Deutschlands erstes Bioenergiedorf (Jühnde) entstanden und Ende 2006 ist vom Kreisausschuss des Landkreises Göttingen vorgeschlagen worden acht weitere Dörfer (Barlissen, Erbsen/Lödingsen, Gelliehausen, Hemeln, Krebeck, Landolfshausen, Reiffenhausen, Wollbrandshausen), als zukünftige Bioenergiedörfer auf den Weg zu bringen und mit Fördermitteln zu unterstützen (Pressemitteilung, Landrat Schermann).

Der Landkreis Göttingen, der sich auf seiner Internetpräsenz (Göttingerland) selbst als Bioenergieregion darstellt, hat also ein weiteres Zeichen gesetzt und führt den eingeschlagenen Weg fort.

Dies ist nicht zuletzt auch so, da das erste Bioenergiedorf (Jühnde) schon nach seiner kurzen Bestehenszeit als ein Erfolg gilt.

Die Bürger in Jühnde waren von der ersten Planungsphase an mit an der Umsetzung des Projektes beteiligt und haben in Form von Arbeitsgruppen entscheidend an dessen Realisierung mitgearbeitet.

Eine hohe Motivation bei der Bevölkerung war unter anderem ein Auswahlkriterium für die acht weiteren Dörfer, für die Ende 2006 die Entscheidung zur Förderung einer dorfeigenen Biogasanlage gefallen ist.

Bis zur endgültigen Umsetzung der acht neuen Projekte müssen allerdings noch Machbarkeitsstudien angefertigt werden, auf deren Basis dann Entscheidungen für Investitionen gemacht werden können.

1.8 Eckdaten zum Bioenergiedorf Jühnde

In der Gemarkung Jühnde stehen ca. 1400 ha landwirtschaftliche Nutzfläche sowie 800 ha Wald für den Anbau von Nahrungs- und Futtermitteln, Energiepflanzen und Holz zur Verfügung.

Von der landwirtschaftlichen Nutzfläche werden ca. 25% für die Energiepflanzenproduktion genutzt.

Für die Feuerung der Holzhackschnitzelheizung wird ca. 7% des jährlichen Holzaufwuchses verwendet.

Die auf den Jühnder Feldern geerntete Biomasse wird im grünen Zustand zerkleinert und abgedeckt auf einer Silageplatte gelagert. Durch die Lagerung entstehen Bakterienkulturen - die Pflanzenmasse wird durch organische Säuren angegoren und somit lagerfähig.

Die angegorene Biomasse kann dann, je nach Bedarf, in den eigentlichen Gärbehälter, den Fermenter der Biogasanlage eingefüttert werden.

Unter Beimischung von Gülle entsteht im Fermenter in einem anäroben Gärprozess Biogas, dass zu etwa gleichen Teilen aus CH4 (Methan) und CO2 besteht.

Das brennbare Gas Methan wird anschließend in einem Blockheizkraftwerk, also einem Kraftwerk, in dem die bei der Stromerzeugung anfallende Wärme weiter genutzt wird, in einem Verbrennungsmotor, der einen daran angeschlossenen Generator antreibt, verstromt.

Das Blockheizkraftwerk in Jühnde hat eine elektrische Leistung von 700 kW. Bei voller Auslastung können pro Jahr bis zu 5 Mio. kWh Strom erzeugt werden.

Die im Blockheizkraftwerk bei der Stromproduktion anfallende Abwärme wird zu einem kleinen Teil genutzt, um die Biogasanlage auf einer für die Vergärung optimalen Temperatur zu halten.

Ein großer Teil der Wärme wird über ein Nahwärmenetz in die angeschlossenen Haushalte des Dorfes eingespeist.

Da die erzeugte Wärmemenge im Winter nicht ausreichen würde, um die angeschlossenen Haushalte (zurzeit sind es ca. 140) komplett zu versorgen, besitzt Jühnde ein Holzheizwerk, dass mit Hozhackschnitzeln gefeuert wird und in dem eine thermische Leistung von 550 kW erzeugt werden kann.

Zusätzlich existiert ein Heizöl-Spitzenlastkessel mit einer Leistung von 1600 kW, der die Wärmebereitstellung an sehr kalten Wintertagen gewährleistet (alle Angaben zum Bioenergiedorf Jühnde aus Internetquelle, siehe Literaturverzeichnis).

2. Das Untersuchungsgebiet - Der Landkreis Göttingen

2.1 Verwaltung und Agrarstruktur

Der Landkreis Göttingen bildet die Südspitze des Landes Niedersachsen und liegt in einem Dreiländereck mit Thüringen und Nordrheinwestfahlen. Im Süden grenzt der Landkreis an Hessen an, im Osten besteht eine direkte Grenze mit Thüringen und im Westen liegt, allerdings ohne direkte Grenze, das Land Nordrhein-Westfalen.

Der Landkreis ist auf kommunaler Ebene in 29 Gemeinden aufgeteilt (vgl. Abb. 2.1), Verwaltungssitz ist die Kreisstadt Göttingen.

Abb. 2.1: Karte der 29 Gemeinden im Landkreis Göttingen. Quelle: Eigene Darstellung

Die Einwohnerzahl beträgt etwa 265.000, wovon 124.000 direkt in der Stadt Göttingen leben.

Die gesamte Fläche des Landkreises beträgt 111.694 ha, hiervon ist etwas mehr als die Hälfte (57.129 ha) Landwirtschaftlich genutzt.

Die Stadt Göttingen nimmt mit 11.685 ha etwa 10% der Landkreisfläche ein. Die Bevölkerungsdichte beträgt also ca. 235 EW / km² und liegt somit leicht

über dem Bundesdurchschnitt (231 EW / km²) und deutlich über dem Landesdurchschnitt von
161 EW / m² (Alle Zahlen aus: Göttinger Statistik 4/2005 und Bundesamt für Statistik 2006).
Der weitaus größte Teil der Landwirtschaftlichen Fläche wurde im Jahr 2005 für den Anbau von Winterweizen genutzt (22.408 ha), gefolgt von Wintergerste (7.639 ha), Raps (6.838 ha), Mähweide (5.611 ha), Zuckerrüben (3.184 ha) und Silomais (1.466 ha).
Von den übrigen Getreidearten hat Triticale mit 756 ha den größten Anteil, gefolgt von Sommerhafer mit 440 ha und Winterroggen mit 255 ha.
Als Stilllegungsflächen ohne den Anbau von nachwachsenden Rohstoffen wurden 2005 2.766 ha deklariert, als solche mit einjährigen NAWAROS 1.503 ha.
Völlig aus der Erzeugung genommen waren im Jahr 2005 insgesamt 444 ha der Landwirtschaftlichen Fläche (alle Daten aus: Landwirtschaftskammer Niedersachsen 2006).
Der Landkreis Göttingen besitzt mit 37.181 ha einen Waldanteil von 33,3% und liegt somit leicht über dem Bundesdurchschnitt von 30%.

2.2 Der Naturraum des Untersuchungsgebietes

2.2.1 Geologie und naturräumliche Gliederung

Die im Landkreis Göttingen zutage tretenden Gesteinsschichten sind zu einem großen Teil triasische Sedimente und hiervon hauptsächlich der mittlere Buntsandstein (vgl. Abb. 2.2.1).
Von West nach Ost gehend kommt man vom Wesertal - mit seinen fluvialen Sedimenten - direkt in den in einem steilen Hang ansteigenden mittleren Buntsandstein. Dieser wird hier mit dem Bramwald bedeckt, erreicht Höhen bis 400 m und bildet hier die Westgrenze des Landkreises.
Nach der Schichtstufe des Bramwaldes kommt man weiter Richtung Osten gehend in das Niemetal, durchquert einen schmalen Ausstrich des oberen Buntsandsteins und gelangt dann in die härtere und abtragungsresistentere Schicht des unteren Muschelkalks sowie weiter östlich des mittleren und obe-

ren Muschelkalks. Der untere Muschelkalk bildet den Westrand des Leinetalgrabens und weist aufgrund seiner Härte hier Höhen von über 400 m auf. Höchste Erhebung ist hier der Hohe Hagen südlich von Dransfeld mit 480 m.
Am Westrand des Leinetalgrabens erstreckt sich ein Löss-Ablagerungsgebiet aus dem Quartär und äolischer Herkunft.
Der mittlere Keuper flankiert mit einem schmalen Ausstrich sowie kleinen eingesprengten Inseln jurasischer Sedimente die härteren Kalk- und Sandsteine am West- und Ostrand des Leinetals.
In der eigentlichen Aue des Leinetals befinden sich links und rechts des Flusses die fluviatilen Ablagerungen des Quartärs.

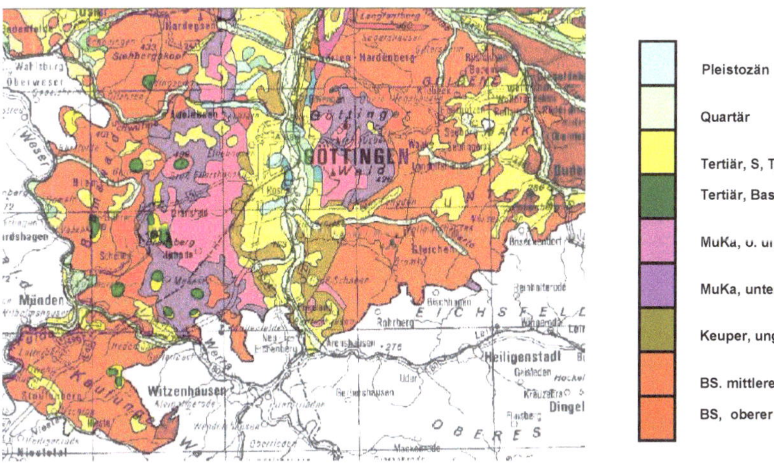

Abb. 2.2.1: Geologische Übersichtskarte Landkreis Göttingen. Quelle: Lucida Map Kartenserver

Den Ostrand des Leinetalgrabens bildet vornehmlich der mittlere Buntsandstein mit den ihn bedeckenden Waldgebieten des Nörtener Waldes im Norden und dem Reinhausener Staatsforst im Süden.
Linsenförmig liegt, vom mittlere Buntsandstein umschlossen, ein Ausstrich des harten unteren sowie des mittleren Muschelkalkes. Dieser mit dem Göttinger Wald bedeckte Carbonatblock weist auf Grund seiner Abtragungsresistenz wieder Höhen von über 400 m auf.

Nach Osten hin fällt der Muschelkalk steil ab und wird von einem schmalen Ausstrich des oberen Buntsandsteins umschlossen. Der weiche obere Buntsandstein (Lettentone und Mergel des Röts) bildet hier eine um fast 200 Meter tiefer liegende Senke, in der die Bramke ihr Flussbett hat.
Nach Osten gehend steigt der mittlere Buntsandstein wieder in einer Schichtstufe auf über 300 m auf und erstreckt sich dann in Form von sich abwechselnden Schichtkämmen und Hochflächen mit eingeschnittenen Flusstälern bis zur östlichen Kreisgrenze.
In der Gegend um Duderstadt liegt, im Flusstal der Hahle, ein weiteres Löss-Ablagerungsgebiet, dass sich mit über 20 km Länge von Nord nach Süd erstreckt.
Geomorphologisch lässt sich das Gebiet des Landkreises also in die den Leinetalgraben flankierenden Höhenzüge des Muschelkalks und des Buntsandsteins gliedern, die jeweils an ihrer Ost- und Westgrenze durch ein weiteres Flusstal, das der Hahle und der Weser, begrenzt werden.
Durch den Südteil des Landkreises zieht sich ein weiterer Höhenrücken, dessen Ostausläufer mit dem Bocksbühl eine Höhe von 437 Meter erreicht. Weiter südlich schließt sich das Eichsfeld an und der Buntsandstein geht wieder in den Muschelkalk mit Höhen über 500 m über.
Im Nordosten wird das von mesozoischen Sedimenten geprägte Gebiet des Landkreises durch den Harz eingegrenzt, dessen Brockenpluton auf über 1000 m ansteigt.
Nach Norden hin setzt sich der Leinetalgraben als Bruchstruktur durch die jünger werdenden Sedimente fort und wird auf beiden Seiten von Höhenzügen flankiert. Westlich der Weser steigt der Buntsandstein wieder auf Höhen über 400 m an und geht dann in den Muschelkalk, mit dem Höhenzug des Eggegebirges als Westbarriere, über.
In einem nach Süden, also nach Hessen hineinragenden Ausläufer, hat der Landkreis noch Anteil am Kaufunger Wald, der wieder aus dem harten mittleren Buntsandstein aufgebaut ist. Der Buntsandstein trägt hier zusätzlich - wie auch die Formationen des Leinetalgrabens - Basaltdecken aus tertiärem Spaltenvulkansmus. Aufgrund dieser besonders harten Deckschicht liegen die höchsten Punkte des Kaufunger Waldes auf über 500 m.

2.2.2 Klimatische Gliederung des Gebietes

Der Landkreis Göttingen liegt mit seiner gesamten Fläche im Bereich der warmgemäßigten maritimen Mittelbreiten (C-Klimate nach Köppen) und kann mit einer durchschnittlichen Zahl der humiden Monate von 6-9 Monaten als semihumid eingestuft werden.
Die Jahresdurchschnittstemperaturen schwanken in erster Linie in Abhängigkeit von der Höhe über Null und liegen etwa zwischen 7,5 und 9°C, mit den höchsten Werten in der Niederung des Leinetalgrabens und des Wesertals im mittleren Bereich und im Westen sowie in der Hahletalniederung im Osten. Die niedrigsten Werte finden sich in den Kammlagen der Mittelgebirgszüge, also auf den Flanken des Leinetalgrabens, dem Kaufunger Wald sowie in den Kammlagen des Eichsfeldes im Osten (vgl. Abb. 2.2.2 im Anhang).

Die Niederschläge im Gebiet weisen eine Verteilung auf, die in erster Linie orographischer Natur ist.
Die niedrigsten Werte für die Jahresdurchschnittsniederschläge liegen zwischen 600 und 660 mm und finden sich in den Niederungen des Leinetalgrabens und dem tief liegenden Einzugsgebiet der Hahle (Ostteil des Landkreises).
Mit zunehmender Höhe steigen die Niederschlagsmengen an (Steigungsregen mit adiabatischer Abkühlung) und weisen in den höchsten Lagen Werte zwischen 850 und 970 mm auf (vgl. Abb. 2.2.3 im Anhang).
Eine weitere, besonders für das Pflanzenwachstum wichtige Größe, ist der jährliche Strahlungsgenuss eines Standortes.
Bei der Betrachtung der räumlichen Verteilung der jährlichen Strahlungsverteilung in kWh pro m² fällt auf, dass diese ein sehr inhomogenes Muster aufweist.
Unter Zuhilfenahme einer Reliefdarstellung (vgl. Abb. 2.2.4) im Anhang) wird deutlich, dass die Flächen mit den höchsten Strahlungsmengen SO bis SW exponierte Berghänge oder Flanken sind.
In diesen Lagen werden Jahreswerte von 1040 bis 1160 kWh pro Quadratmeter und Jahr erreicht.

Die niedrigsten Werte entfallen auf Flächen mit NW bis NO-Exposition und liegen zwischen 810 und 980 kWh * m^{-2} *$Jahr^{-1}$.
Gebiete mit wenig oder keiner ausgeprägten Neigungsrichtung, wie die Gebiete des Leinetals oder des Hahletals, weisen einen intermediären Strahlungsgenuss auf, der bei 980 - 1040 kWh * m^{-2} *$Jahr^{-1}$ liegt (vgl. Abb. 2.2.5 im Anhang).

2.2.3 Bodenarten

Grob betrachtet, fällt das Untersuchungsgebiet in den Bereich der Braunerde-Rendzina und der Braunerdegebiete (Kuntze et al., 1994).
Blum (1992) ordnet das Gebiet der Lessivé-Gruppe und der Rankergruppe zu, also der der lessivierten Braunerden, Pseudogleyen und sauren Rohböden.
Je nach Lage kommen im Landkreis Göttingen auch Auenböden, Gleye und Ranker vor.
In Abhängigkeit vom jeweiligen Ausgangsgestein kann man im Untersuchungsgebiet auch die entsprechen den Böden vorfinden.
Auf den Carbonatschichten des Muschelkalkes haben sich Rendzinen und Pararendzinen sowie Braunerden und Parabraunerden mit kleineren Pelosolverbreitungsgebieten gebildet.
Auf dem mittleren Buntsandstein auflagernd, insbesondere auf den westlichen Ausstrichen, sind Ranker entstanden. Die Flusstäler weisen Braune Auenböden Kolluvien und Gleye auf (vgl. Abb. 2.2.6 im Anhang).
Bei einer statistischen Betrachtung der Böden nach Bodenartengruppen (Bodenkundliche Kartieranleitung 1996) wird deutlich, dass die Mehrzahl der Bodenflächen im Landkreis (46,5%) Schluffböden aufweist.
Den nächst größeren Anteil haben die Tone, mit 26,5%. Lehme machen 20,5% und Sande 6,5% aus.
Bei der Betrachtung der räumlichen Verteilung der Bodenarten zeigt sich, dass der Nordteil des Landkreises von Lehmen und Schluffen dominiert wird.
Durch den mittleren Teil zieht sich ein Band aus Sandböden, das im Westen besonders ausgeprägt ist und im Osten mit Schluffböden durchsetzt ist.
Tonböden finden sich geballt im zentralen Teil des Gebietes, im Leinetalgraben und den angrenzenden Hängen sowie an den SW-Hängen des Kaufunger Waldes

2.2.4 Bodengüte nach Ackerzahlen

Bei der Betrachtung der räumlichen Verteilung der Böden hinsichtlich ihrer Bodengüte, gemessen in Ackerzahlen der Bodenschätzung, fallen insbesondere zwei Gebiete auf. Zwei große zusammenhängende Flächen mit Standorten hoher Ackerzahlen von 70 bis 100 liegen im Bereich des Leinetals und der Niederung der Hahle im Ostteil des Landkreises (vgl. Abb. 2.2.7 im Anhang)

In diesen Bereichen befinden sich zum einen die fruchtbaren Alluvialböden sowie die bereits erwähnten größeren Lössgebiete des Landkreises.

Kleinere zusammenhängende Gebiete niederer Bodengüte (mit Ackerzahlen unter 40) befinden sich in erster Linie westlich der Leine in den Berglagen.

Ackerzahlen intermediärer Zuordnung, also von 40 bis 60, sind im gesamten Untersuchungsgebiet verbreitet und machen auch mit 50,5% den größten Anteil aus.

Der Anteil der Böden mit AZ kleiner 40 beträgt 20% und der der Böden mit AZ über 60 beträgt 26,5%. Das statistische Mittel aller Böden im Landkreis liegt bei AZ 52.

3. Pflanzenbauliche Aspekte

3.1 Mais (Zea Mays)

Die aus Mittelamerika stammende Maispflanze, wo auch deren verwandte Gattungen Tripsacum und Euchlaena zu finden sind, gehört botanisch gesehen zum Stamm der Tripsaceaen oder Maydeaen.

Entsprechend der Kornform lässt sich die Maispflanze verschiedenen Typen zuordnen, die gleichzeitig Hinweis auf deren Nutzung geben.

Weltweit nimmt der Maisanbau neben Weizen und Reis eine bedeutende Stellung ein und zählt besonders in den weniger entwickelten Ländern zu den Hauptnahrungsmitteln.

In den höher entwickelten Ländern findet Mais hauptsächlich als Futterpflanze Verwendung. In den nördlichen Ländern übertrifft der Silomaisanbau den des Körnermaisanbaus zum Teil erheblich (Messner in Lütke Entrup; Oehmichen, 2000). So lag denn auch in Deutschland die Fläche, die 2005 mit Silomais bestellt wurde, mit 1.263.500 ha deutlich über der des Körnermaisanbaus mit nur 443.100 ha (Statistisches Jahrbuch, 2006). Zusammen stehen Silo- und Körnermaisanbau nach Weizen und Gerste an dritter Stelle der Anbaustatistik der BRD und weltweit auf Platz zwei (Klein, Tischner 1998).

Seit den 1950er Jahren hat die wirtschaftliche Bedeutung des Maisanbaus aufgrund von neuen klimatisch besser angepassten Sorten stetig zugenommen. Auch mit den weniger günstigen mitteleuropäischen Anbaubedingungen (Mais stammt als C4-Pflanze aus sonnenreichen und trockeneren Gebieten), haben sich die Durchschnittserträge von Silomais innerhalb der letzten 40 Jahre von 75 dt/ha auf 150 dt/ha um das Doppelte gesteigert. Bei Körnermais stiegen die Erträge von 30 dt/ha auf 90 dt/ha (Messner in Lütke Entrup, Oehmichen 2000).

Nach Statistischem Jahrbuch 2006 lag der durchschnittliche Grünmasseertrag von Silomais im Gebiet der BRD im Jahr 2005 bei 454,3 dt/ha. Bei einem Trockensubstanzgehalt von 28-35% kann das eine ganz beachtliche Mengen an erntefähiger Biomasse sein.

Die Hauptanbauländer in der BRD waren im Jahr 2005 Bayern, Niedersachsen, NRW und Schleswig Holstein mit jeweils 303.6000, 270.2000, 133.2000 und 102.000 Hektar Anbaufläche.

Da sich durch Hybridzüchtungen wichtige Eigenschaften wie Ertrag, Reife und Standfestigkeit bei den neuen (Hybrid)-Sorten erheblich verbessert haben, wird Mais heutzutage in vermehrtem Umfang angebaut und wird auch in Zukunft weiterhin an Anbaufläche dazu gewinnen.
Durch seine hohen Biomasseerträge zeigt sich insbesondere der Silomais als gut geeignet für den Energiepflanzenanbau und die Vergasung in einer Biogasanlage.
In Deutschland wird der Maisanbau wesentlich durch regionale Klima- und Temperaturunterschiede beeinflusst.
Dieser Standortfaktor kann durch die Wärmesumme erfasst werden. Eine Wärmesumme von 1200° - 1600° C für die Monate April bis November wird für einen Erfolgreichen Maisanbau als erforderlich angesehen.
Diese Temperatursumme errechnet sich aus den gemittelten und aufsummierten Tageshöchst- und Minimumtemperaturen ab dem Zeitpunkt der Saat abzüglich 8°C. Von Mai bis September sollten die Tagesdurchschnittswerte der Temperatur bei mindestens 13,5°C liegen (Klein; Tischner, 1998).
Weiterhin ist Mais sehr frostempfindlich. Länger anhaltende Spätfröste unter -3°C, führen zu einem Abfrieren der Blätter.
Frühfröste verträgt Mais ähnlich schlecht oder noch schlechter. Ein Absinken der Temperaturen unter -2°C für nur wenige Stunden kann die Kornabreife vorzeitig beenden und so den Bestand schädigen (Messner in Lütke Entrup; Oehmichen 2000 b).
Temperaturbedingt schlechte Standorte für den Maisanbau finden sich in den Mittelgebirgen daher in den höheren Lagen, da pro hundert Meter Höhe mit einer Temperaturabnahme von 1°C gerechnet werden kann.
Auch zum Zeitpunkt der Keimung benötigt Mais schon Bodentemperaturen von 9-10°C. Dies verhindert in den meisten Fällen einen Aussaatzeitpunkt vor Ende April. Je nach Temperatur kann die Auflaufdauer von 6 bis zu 35 Tagen schwanken (Klein; Tischner, 1998).
Je nach Temperatursumme eines Standortes werden Maissorten mit verschiedenen Reifezahlen angebaut. Für Grenzstandorte unter 1200 Grad gibt es Maissorten mit Reifezahlen 180-195. Eine sichere Ausreife ist hier nicht gewährleistet.
Typische Silomaisanbaulagen mit frühreifenden Sorten (Reifezahl 210-225) haben Temperatursummen von 1200-1300 Grad Celsius.

Bei 1400-1500°C spricht man schon von guten Anbaulagen, hier werden Reifezahlen von 240-255 Empfohlen.

Da es bei der Biogasgewinnung allerdings nicht so sehr auf einen hohen Stärkegehalt und eine hohe Energiedichte im Kolben ankommt, können für die Nutzung als Gährsubstrat in der Biogasanlage auch spätreifende Sorten mit höheren Reifezahlen (400-700) angebaut werden. Diese Sorten kommen zwar unter kühleren klimatischen Bedingungen nicht zur Ausreife und zur Ausbildung großer Kolbenanteile, sie nutzen jedoch trotzdem eventuelle günstige Herbsttemperaturen und bauen weiterhin Pflanzenmasse auf. Diese Hypothese ist durch Versuche an verschiedenen Standorten überprüft worden. Je nach Sorte und Standort lieferten spätreifende Silomaissorten der Reifezahlen 400 – 700 zwischen 13,2 und 21,9 t TM/ha (Karpenstein-Machan, 2005).

Was die Bodenansprüche von Mais betrifft, so eignen sich insbesondere in den Grenzlagen der Mittelgebirge mittlere bis schwere Böden, die sich im Frühjahr schneller erwärmen und zusätzlich eine gute Wasserhaltekapazität besitzen. Leichte Böden erwärmen sich war schneller, halten aber in den trockenen Sommermonaten zu wenig Wasser, welches für das Pflanzenwachstum gebraucht wird (Klein; Tischner 1998).

Der Wasserbedarf von Mais ist, verglichen mit unseren Getreidearten, als mäßig einzustufen und wird von verschiedenen Autoren mit 200 l/kg Trockenmasse angegeben. Trotz des niedrigeren Wasserbedarfs pro kg erzeugter Trockenmasse, muss angesichts hoher Massenerträge pro Flächeneinheit eine gute Wasserversorgung gewährleistet sein. So sollte die Feldkapazität des Bodens zwischen Blühbeginn und Erreichen von 50% Kornfeuchte (frühe Teigreife) immer mindestens 50% betragen. Im Extremfall besteht in der Zeit der Kornbildung und der Teigreife ein Wasserbedarf von 6 mm / m²/ Tag (Lütke Entrup; Oehmichen, 2000 b).

Was den erfolgreichen Maisanbau in klimatischen Grenzlagen betrifft, so können schon kleinräumige Geländeunterschiede, und hierbei insbesondere die Exposition im Gelände, über die Ertragshöhe entscheiden. Südhänge weisen einen höheren Strahlungsgenuss und bis zu 1°C höhere Durchschnittstemperaturen während der Vegetationsperiode auf (Klein; Tischner, 1998).

Mais reagiert als C4-Pflanze stärker auf höhere Durchschnittstemperaturen als beispielsweise Triticale und kann diese besser in die Biomasseproduktion umsetzen.
Bei einem Temperaturanstieg von 10 auf 30°C verfünffacht der Mais seine CO2-Bruttoassimilation. So liegt denn auch das Temperaturoptimum für Maispflanzen mit 35-45°C deutlich über dem der C3-Getreidepflanzen mit 20-30°C.
In Deutschland liegen die Temperaturen also selten in dem Bereich, in dem die Maispflanze ihre höchsten Assimilationsleistungen hat.
Ein weiterer Wachstumsfaktor, der in Deutschland meistens im Minimum bleibt, ist der direkte Strahlungsgenuss

3.2 Triticale

Triticale gilt als die erste, vom Menschen geschaffene Kulturpflanze. Sie ist als Züchtung aus den Gattungen Triticum (Weizen) und Secale (Roggen) hervorgegangen. Seit mehr als 100 Jahren ist Triticale Gegenstand der Forschungs- und Züchtungsarbeit im Bereich der Kulturpflanzen.
Als erfolgreichem erstem Züchter gelang es 1891 dem deutschen, Nestor Wilhelm Rimpau, einen fertilen Bastard aus Secale cereale und Triticum aesticum herzustellen.
Ziel dieser Züchtungen war es, positive Elterneigenschaften wie die Qualität und den Ertrag des Weizens mit der Anspruchslosigkeit von Roggen zu kombinieren.
Erst in der zweiten Hälfte des letzten Jahrhunderts sind diesbezüglich wirkliche Erfolge zu verzeichnen gewesen.
Dank eines weltweit forcierten Zuchtprogramms konnte die Leistungsfähigkeit neuer Triticalesorten ab den 1960 er Jahren deutlich verbessert werden.
Heute gilt Triticale nicht mehr, wie anfangs, als botanische Kuriosität, sondern als neue Getreideart mit einer hohen Variabilität und vielfältigen Verwendungsmöglichkeiten (Karpenstein-Machan, 1994).
So ist auch der Umfang, in dem Triticale heute angebaut wird, kontinuierlich gestiegen. Hauptanbaugebiete in Europa sind die Länder Polen, Russland sowie Deutschland und Frankreich.

In Deutschland ist die Anbaufläche von Triticale seit Ende der 1980er Jahre bis 1997 (annähernd 500.000 ha) gesteigert worden und war dann bis Ende der 1990er Jahre leicht rückläufig (1999, 390.000 ha) (Lütke Entrup; Oehmichen, 2000 b).

Laut Statistischem Jahrbuch der BRD (Statistisches Bundesamt, 2006), lag die Anbaufläche im Jahr 2005 bei 507.000 ha und 2004 sogar bei 528.000 ha.

Auf Länderebene haben Niedersachsen und Brandenburg im Jahr 2005 die meisten Flächen mit Triticale bestellt, es waren jeweils 99.600 und 78.000 Hektar.

Dicht auf folgten Bayern, mit 76.500 ha und NRW mit 61.300 Hektar.

Die starke Zunahme der Triticaleanbauflächen in den letzten Jahren lässt sich unter Anderem damit erklären, dass seit 1989 deutlich ertragsstärkere Sorten auf dem Markt zugelassen sind, dass Triticale sich sehr gut als Futtergetreide eignet und zudem auf sorbtionsschwächeren Sandböden, wie sie vielfach in Niedersachsen oder Brandenburg anzutreffen sind, dem Weizen im Ertrag überlegen ist.

Auf Böden mittlerer Güte, wie z.B. Sanden oder lehmigen Sanden mit Ackerzahlen von 30-60, ist Triticale sowohl dem Weizen, als auch dem Roggen im Ertrag überlegen (Karpenstein-Machan, 1994).

Auch bei Futterbetrieben der Vor- und Mittelgebirgslagen hat Triticale in den letzten Jahren an Beliebtheit gewonnen. Aufgrund seiner klimatisch besseren Anpassung ist Triticale durch den Aufbau einer höheren Bestandesdichte in der Lage, die klimatisch bedingten Standortnachteile der rauen Mittelgebirgslagen zum Teil zu kompensieren und hier anderen Getreidearten überlegen zu sein (Karpenstein-Machan, 1994).

Was die generellen Standortansprüche von Triticale angeht, so sind diese, wie man fast vermuten könnte, zwischen denen seiner Eltern, dem Weizen und dem Roggen einzuordnen.

Die Temperatursumme für das Wachstum der Pflanzen liegt mit 1800-2300°C (Jahressumme) höher als beim Roggen und geringer als beim Weizen. In der Frostresistenz sind heutige Triticalesorten dem Winterweizen gleichzusetzen.

Was den Wasserverbrauch angeht, so wird der Transpirationskoeffizient mit 450-550 l/kg Trockenmasse angegeben und liegt somit unter dem des Weizens und über dem des Roggens.

Durch ein weniger leistungsfähiges Wurzelsystem kann Triticale die Winterfeuchte weniger gut ausnutzen, ist dem Roggen in der Trockentoleranz unterlegen und sollte daher auf Grundwasserfernen Sandböden (AZ < 30) nicht angebaut werden (Lütke Entrup; Oehmichen, 2000 a).
Aufgrund seiner Überlegenheit gegenüber anderen Getreidearten in höheren Lagen und auf sorbtionschwächeren Böden ist der Anbau von Triticale unter anderem auch für die Erzeugung von Getreideganzpflanzen zur Vergärung und Biogasgewinnung im Rahmen des Bioenergiedorfprojektes Jühnde (vgl. Punkt 1.8) zum Einsatz gekommen.
Aufgrund dieser Voraussetzungen ist Triticale - neben dem Mais als zweiter Feldfrucht - für die Untersuchungen hinsichtlich der Biomassepotentiale im Landkreis Göttingen herangezogen worden.
Einmal abgesehen vom Leinetalgraben, mit seinen fruchtbaren Alluvialböden, bietet der Landkreis Göttingen reichlich Flächen mit Ackerzahlen < 60, die zusätzlich aufgrund ihrer Höhe in die vorher erwähnte Klasse der Vor- und Mittelgebirgslagen zählen.
Was die durchschnittlichen Erträge von Triticale angeht, so liegen diese geringer als beispielsweise beim Weizen.
In den letzten fünf Jahren lagen die bundesweiten Durchschnittserträge von Triticale bei 58 dt/ha, beim Weizen dagegen bei 76 dt/ha (Statistisches Jahrbuch, 2006).
Im Landkreis Göttingen schwankten die Erträge von Triticale in den letzten sechs Jahren um einen Mittelwert von 70 dt/ha (Statistisches Landesamt, Hannover) und lagen damit um bis zu 20% über dem Bundesdurchschnitt.
Bei den genannten Erträgen handelt es sich um die jeweiligen Kornerträge.
Da in der Biogasanlage die Getreideganzpflanze verwendet wird, muss man zu dem Kornertrag noch den Strohertrag, der mit Faktor 1,2-1,4 über dem Kornertrag liegt, dazu addieren (Kaltschmitt; Hartmann, 2001).
Auf Ackerflächen der Gemarkung Jühnde wurden im Jahr 2005 durchschnittliche Triticaleerträge für die Biogasproduktion von 11,7 t/ha erzielt.

4. Faktoren des Pflanzenwachstums

4.1 Die Photosynthese

Unter Photosynthese versteht man einen biologischen Prozess, bei dem durch Pflanzen erst Traubenzucker ($C_6 H_{12} O_6$) und dann Stärke ($C_6 H_{10} O_5$) aufgebaut wird.

Ausgangsstoffe hierfür sind atmosphärisches Kohlendioxid - CO_2 und Wasser - H_2O.

Beim Prozess der Photosynthese wird Lichtenergie durch Pigmente (hauptsächlich Chlorophyll a) der Chloroplasten absorbiert. Die durch die Photonen übertragene Lichtenergie wird in chemische Energie transformiert und es wird Sauerstoff frei gesetzt.

Die Produkte der Photosynthese stellen die Lebensgrundlage der meisten anderen Lebewesen unserer Biosphäre dar.

Durch die Aktivität der Land- und Wasserpflanzen werden jährlich etwa 1,7 x 10^{11} Tonnen Trockenmasse gebildet (Lütke Entrup; Oehmichen, 2000 a).

Von der auf der Erdoberfläche einfallenden Solarstrahlung nutzen grüne Pflanzen hauptsächlich den blauen und den roten Bereich des sichtbaren Lichts (0,43-0,5 und 0,65-0,75 µm), mit maximaler Ausnutzung bei 0,68 (Chlorophyll a) und 0,7 µm (Chlorophyll b).

Die bei der Photosynthese absorbierte Strahlungsenergie wird chemisch im Pflanzengewebe fixiert. Pro Gramm aufgenommenen Kohlenstoffs werden dabei 479 kJ festgelegt (Larcher, 1994).

4.2 Liebigs Gesetz des begrenzenden Faktors

Am natürlichen Standort einer Pflanze wird jeder physiologische Prozess von mehreren Standortfaktoren gleichzeitig beeinflusst.

Um dies zu erklären, kann Justus von Liebigs (1803-1873) „Gesetz des Begrenzenden Faktors“ herangezogen werden.

Im Zusammenhang mit seinen Untersuchungen zum Nährsalzgehalt der Pflanzen formulierte er, dass ein Prozess, der von mehreren Faktoren abhängt, in seiner Intensität nur durch den Faktor gesteigert werden kann, der jeweils im Minimum ist und daher begrenzend wirkt. Dieses Gesetz gilt auch für die Photosynthese. Sie kann vor allem durch die Faktoren Licht, Wasser,

Temperatur und die CO2-Konzentration der Luft begrenzt werden (Lüttge; Kluge; Bauer, 1999).

4.3 Kohlenstoffdioxid als Ertragsbegrenzender Faktor

CO_2 als Komponente der Photosynthese (und somit im Prozess der Biomassebildung der Pflanzen) ist unter heutigen atmosphärischen CO_2-Konzentrationen (360 ppm), ein limitierender Faktor.
Bei einer Erhöhung der CO_2-Konzentration steigt die Nettophotosyntheserate der Pflanzen bis zu einem Sättigungspunkt an.
C4-Pflanzen weisen, evolutionär bedingt, im Gegensatz zu C3-Pflanzen eine höhere Unabhängigkeit vom CO_2-Partialdruck auf und reagieren daher auch vergleichsweise wenig auf Konzentrationserhöhungen.
C3-Pflanzen hingegen weisen bis zu CO_2-Konzentrationserhöhungen von 1000 ppm eine steigende Photosynthserate auf (Larcher, 1994). Dieses Verhalten wird zum Beispiel in Gewächshäusern ausgenutzt, um den Ertrag von Kulturen zu steigern.

4.4 Wasser als Ertragsbegrenzender Faktor

Genau so wie die Verfügbarkeit von CO_2, kann Wasser, wenn es nicht ausreichend für die Pflanze verfügbar ist, die Photosyntheserate einschränken.
Dies geschieht im Wesentlichen dadurch, dass die Pflanze ein Bindeglied für den Wassertransport zwischen Boden und Atmosphäre darstellt und als solches dem schwankenden Wasserdampfsättigungsdefizit der Luft und dem schwankenden Wassergehalt des Bodens ausgesetzt ist.
Da das Sprosssystem der Landpflanzen in den Luftraum hineinragt und an diesen durch Verdunstung ständig Wasser verliert, muss dieses Wasser aus dem Boden nachgeliefert werden.
Dieser Prozess der Transpiration (Wasserabgabe der Pflanze an die Luft) und der Prozess der Wasseraufnahme der Pflanzenwurzeln aus dem Boden, sind eng aneinander gekoppelt.
Das Wasserdampfdefizit der Luft bildet hierbei die antreibende Kraft der Verdunstung, und das pflanzenverfügbare Wasser im Boden die Versorgungsgröße.

Ob und wie Bodenwasser für die Pflanze verfügbar vorliegt, wird unter anderem von der Körnung des Bodens und dessen Matrixpotential bestimmt. Feinkörnige Böden wie Tone haben ein hohes Matrixpotential, Sande ein eher geringes.

Die Aufnahme des Bodenwassers gelingt der Pflanze durch eine Potential-Absenkung in ihren Wurzeln von nur wenigen Zehnteln MPa (Larcher, 1994). Eine wasserbedingte Einschränkung der photosynthetischen Aktivität kommt dann zustande, wenn die Nachlieferung von Wasser aus dem Boden in die transpirierenden Pflanzenteile ins Stocken gerät, also wenn die Saugspannung des Bodens zu hoch wird und eine weitere Potentialabsenkung in der Wurzel nicht mehr möglich ist.

In diesem Fall schließt die Pflanze ihre Spaltöffnungen (Stomata), um weiterem Wasserverlust durch Transpiration vorzubeugen.

Durch das Schließen der Stomata kommt es zu einem Rückgang des CO_2-Austausches und der Photosynthese. Nach Messungen von Aho et al. (in Larcher, 1994), kommt es zum Beispiel bei 6 Wochen alten Weizenbeständen zu einer Transpirationsminderung von 85% und einer CO_2-Austauschabsenkung von 75%, wenn der Wassergehalt des Bodens auf den permanenten Welkepunkt (PWP) absinkt (vgl. Abb. 4.4.1).

Der PWP gibt den Wassergehalt des Bodens an, an dem hydrophile oder mesophile Landpflanzen irreversibel welken, da das verbleibende Bodenwasser mit pF 4,2 bzw. 15 hPa an die Bodenpartikel gebunden ist.

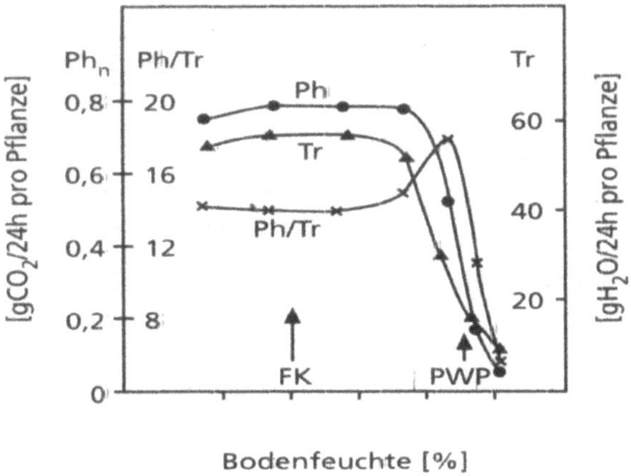

Abb. 4.4.1: Abfallende Kurve der Photosynthese und der Transpiration bei Wassermangel bei 6 Wochen alten Weizenpflanzen. Quelle: Larcher, 1994

4.5 Licht und Strahlung als limitierender Faktor

Als dritter Faktor des Pflanzenwachstums wird nun kurz die quantitative Beziehung zwischen der Photosyntheserate und der Beleuchtungsstärke erläutert.

Als Maß für die Beleuchtungsstärke eignet es sich, die Quantenflussdichte (µmol Lichtquanten / m²/ s) im photosynthetisch aktiven Bereich der Strahlung (PAR) zu verwenden (Lüttge, Kluge, Bauer, 1999).

Bei Beleuchtung der Pflanze setzt Photosynthese ein und bewirkt CO_2-Aufnahme und O_2-Abgabe. Bei Verdunkelung setzt der gegenläufige Prozess ein - die Pflanze gibt CO_2 ab und nimmt Sauerstoff auf (Veratmung von Assimilaten).

Im Assimilationsprozess der Pflanze, also unter Beleuchtung, steigen mit einer erhöhten Quantenflussdichte die Photosyntheserate und der damit verbundene Gasaustausch fortlaufend an.

Zunächst geschieht dies direkt proportional zur Quantenflussdichte, verlangsamt sich dann aber und erreicht schließlich eine Sättigung mit dem Lichtsättigungspunkt auf der Lichtsättigungskurve.

Diese Kurve nimmt bei verschiedenen Pflanzen einen unterschiedlichen Verlauf und gibt somit die Fähigkeit einer Pflanze wieder, Lichtenergie in der Photosynthese zu "verarbeiten".
Am unteren Ende der Lichtkompensationskurve liegt der jeweilige Lichtkompensationspunkt einer Pflanze. Er gibt an, bei welcher Bestrahlungsstärke die jeweilige Pflanze von der Assimilation in die Atmung überwechselt, also CO_2 abgibt und O_2 aufnimmt. Direkt auf dem Lichtsättigungspunkt ist der Netto-Gasaustausch gleich Null. Die zu diesem Punkt gehörige Beleuchtungsintensität nennt man Kompensations-Beleuchtungsstärke. Sie liegt für die meisten Pflanzen bei 4 – 12 $W * m^{-2}$ (Kaltschmitt, 2002).
Die Lichtausnutzung verschiedener Pflanzenarten kann grob in zwei Gruppen, die Schatten- und die Lichtpflanzen und die Gruppe der Lichtpflanzen noch einmal in die C3- und die C4-Pflanzen unterteilt werden.
Der Lichtkompensationspunkt liegt bei den Schattenpflanzen am niedrigsten und nimmt von C3- zu C4-Pflanzen zu. Schattenpflanzen zeigen bei geringer Beleuchtungsstärke die höchste Lichtausbeute.
Die Netto-Photosyntheserate von Schattenpflanzen steigt ab einem Quantenfluss von etwa 200 µmol $/m^2$ /s kaum noch an, wohingegen sie bei den C3- und C4-Lichtpflanzen weiterhin steigt (vgl. Abb. 4.5.1).
C3-Sonnenpflanzen erreichen bei etwa 1600 µmol $/m^2$ /s ihren Lichtsättigungspunkt, bei den C4-Pflanzen, wie dem Mais (Zea Mays) oder Sorghum (Sorghum Almum), liegt er wesentlich höher (Lüttge; Kluge; Bauer; 1999 und Larcher, 1994). Bei den zuletzt genannten Pflanzen kann davon ausgegangen werden, dass die Strahlungsmengen im PAR auf der Erdoberfläche nicht ausreichen, um deren Lichtkompensationspunkt zu erreichen.

4.6 Temperatur als limitierender Faktor

Die Temperatur nimmt beim Pflanzenbau eine zentrale Stellung ein, denn einerseits ist das Wachstum der Pflanzen überhaupt nur innerhalb eines begrenzten

Temperaturbereichs möglich und andererseits beinhaltet die Photosynthese enzymatische Reaktionen, deren Reaktionsgeschwindigkeit wiederum temperatur-abhängig ist.
Somit wirkt die Umgebungstemperatur der Pflanze direkt auf die Ertragsbildung ein (Lütke Entrop; Oehmichen, 2000).
Viele unserer Kulturpflanzen benötigen einen Kältereiz (Vernalisation), um in die generative Phase ihres Wachstums überzugehen.
Die Vernalisation ist eine spezifische, die Entwicklung der Pflanze beeinflussende Temperaturreaktion.

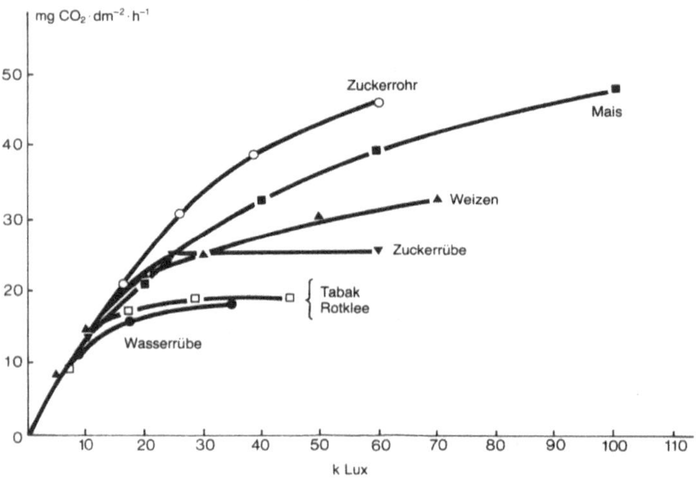

Abb. 4.5.1: Lichtkurven verschiedener C3- und C4-Pflanzen. Quelle: Geisler, 1980.
Anmerkung: 100 k-Lux entsprechen in etwa der Beleuchtungsstärke eines hellen Sommertages

Die Wirkung relativ niedriger Temperaturen in der Jugendphase der Pflanze wird im Bereich der generativen Organe deutlich und wird als eine Blühbeschleunigung definiert (Geisler 1980). Dieser Kältereiz kann bereits im keimenden Samen oder von Teilen der Pflanze im etwas fortgeschrittenen Stadium erhalten werden.
Für den Vernalisationsreiz von Pflanzen ist ein Temperaturbereich wirksam, der etwa bei – 2°C beginnt, mit ansteigender Temperatur in seiner Wirkung zunimmt und für viele Arten bei 3-4°C seine maximale Wirkung hat. Mit zunehmender Temperatur lässt die Wirkung immer mehr nach und erreicht bei etwa 15°C seinen oberen Grenzwert (Geisler, 1980).

Für die Wintergetreidearten liegt das Temperaturoptimum für den blühbeschleunigenden Reiz bei 1-3°C. Die Einwirkungsdauer kann bei 30 Tagen angesetzt werden.

Der Wachstumsbeginn in der Vegetationsperiode, in der eine Nettosubstanzanreicherung nachgewiesen werden kann, liegt bei Wintergetreidearten bei 4-6°C, beim Sommergetreide bei 6-8°C (Geisler, 1980).

Das Temperaturoptimum der Netto-Photosynthese liegt bei verschiedenen Pflanzenarten und auch bei derselben Art, je nach Aufwuchsbedingungen bei sehr unterschiedlichen Werten.

Weitere wichtige Temperaturkenngrößen beim Getreideanbau sind die Winterfestigkeit der Art und die Kältetoleranz.

Die Winterfestigkeit hat nur für die winterharten, also die Wintergetreidearten Relevanz und liegt für Triticale mit – 20°C etwas geringer als beim Roggen und etwas höher als beim Weizen.

Die Kältetoleranz betrifft alle Kulturarten, also auch die Sommerungen der Getreide und den Mais als sommeranuelle Kulturpflanze.

Für Triticale liegt die Kältetoleranz bei - 4°C und für Mais bei – 1,5° bis 1,7°C.

Die Hitzetoleranz liegt bei der aus den Tropen und Subtropen stammenden Maispflanze mit 45 – 50°C relativ hoch. Pflanzen des gemäßigten Klimas, also auch unsere Getreidearten, nehmen schon ab Werten über 40°C Schaden (Geisler, 1980).

Zu hohe Temperaturen schädigen die Pflanzenenzyme, zu niedrige führen zum Abfrieren von Blättern.

Die für eine hohe Nettophotosynthese optimalen Temperaturbereiche schwanken je nach Pflanzenart, können jedoch je nach Herkunft der Pflanze - tropisches oder gemäßigtes Klima - in zwei Hauptgruppen unterteilt werden.

Für die an tropisches Klima angepassten Pflanzen liegen die Temperaturoptima zwischen 20 bis 35°C. Von den Pflanzen der gemäßigten Breiten werden die höchsten Assimilationsleistungen im Bereich von 10-20°C erreicht (nach Angaben verschiedener Autoren).

Mais, als C4-Pflanze, erreicht bei etwa 15°C die Assimilationsleistung des Weizens und steigert seine Assimilationsrate bis zu einer Temperatur von 35°C um das Vierfache, auf etwa 50 mg CO_2 / dm^2/ h. Der Weizen, als C3-

Pflanze, assimiliert im Bereich von 10-20°C nahezu gleichbleibend mit etwa 15 mg CO_2 / dm²/ h. Ab 20°C geht die Assimilation leicht zurück, um dann bei 40°C ihr Minimum mit weniger als 10 mg CO_2 / dm²/ h zu erreichen (vgl. Abb. 4.6.1).

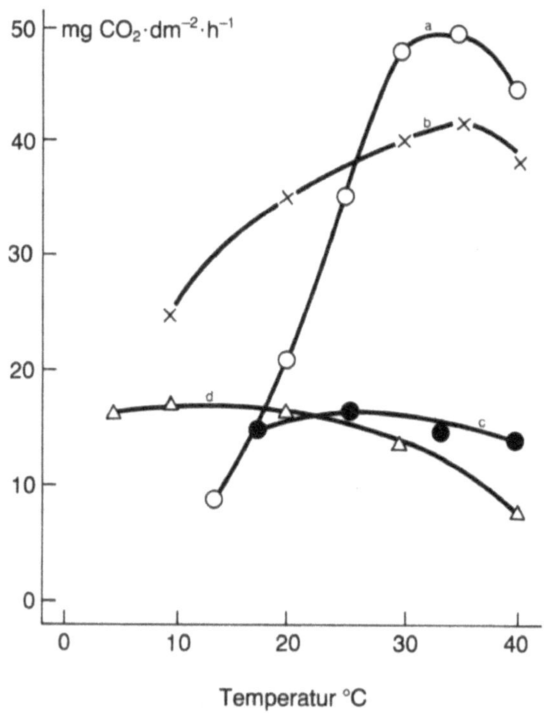

Abb. 4.6.1: CO2-Assimilationsraten von C3- und C4-Pflanzen in Abhängigkeit von der Temperatur.
a) Mais, b) Bermudagras, c) Tabak d), Weizen. Quelle: Geisler, 1980

5. Boden – Pflanze – Atmosphäre

5.1 Strahlung und Pflanzenwachstum

Die Strahlung und die damit verbundene Temperaturerhöhung in der bodennahen Luftschicht stellen den treibenden Motor für die Evapotranspiration und die Photosynthese dar.

Photosyntheseleistung und Transpiration der Pflanzen sind wiederum eng aneinander gekoppelt und lassen direkte Schlüsse auf deren Biomassebildung zu.

Wie bereits unter Punkt 4.6 angesprochen, steigt die Photosyntheseleistung der meisten Pflanzen (im Prinzip nur mit Ausnahme der Schattenpflanzen, die einen sehr niedrigen Lichtsättigungspunkt haben) mit steigenden Strahlungswerten, also bei steigender Lichtintensität an.

Voraussetzung für die Ausnutzung höherer Strahlungswerte ist allerdings ein voll entwickelter Blattapparat.

Die Blattentwicklung der anuellen Nutzpflanzen hat einen, je nach Pflanzenart unterschiedlichen Verlauf während deren Entwicklung in der Vegetationsperiode.

Je nach Fortschritt der Blattentwicklung können unterschiedliche Mengen an Assimilaten durch Photosynthese in den Pflanzen gebunden werden. Die Rate der Nettophotosynthese, also die assimilierte Stoffmenge abzüglich der veratmeten Stoffmenge, steigt mit der Entwicklung des Blattapparates an und erreicht dann einen (theoretischen) Sättigungspunkt. Dieser Sättigungspunkt wird von den C3-Pflanzen eher erreicht als von den C4-Pflanzen (siehe oben).

Um die Strahlungsausnutzung von Pflanzen beschreiben zu können, sind in zahlreichen Versuchen die Beziehungen zwischen Beleuchtungsstärke (also dem Lichtquantenfluss), dem Entwicklungsstand des photosynthetisch aktiven Blattapparates und der Nettophotosyntheserate nachgewiesen worden (Gardner et al., 1985; Shibles und Weber, 1965; Williams et al., 1965; Tollenar und Aguilera, 1992 in: Ehlers 1996, 132 ff).

Das Maß der Effizienz für die Ausnutzung von Strahlung wird als RUE (radiation use efficiency) in Gramm Trockenmasse pro MJ^{-1} absorbierter Strahlung (PAR) ausgedrückt. Die PAR ist der photosynthetisch aktive Teil der Global-

strahlung und macht, je nach Breitengrad und Höhe über dem Meeresspiegel etwa 43-49 % von dieser aus. Auf Meeresniveau kommen an einem sonnigen Tag (100.000 Lux) etwa
1 kJ m^{-2} s^{-1} als Globalstrahlung an.
Dies entspricht einem photosynthetisch nutzbaren Strahlungsfluss von ca. 1800 µmol Photonen m^{-2} s^{-1} oder 391 W / m^2 (Larcher 2001, 13, 47).
Dieser Energiefluss in Form von Lichtquanten wird von verschiedenen Pflanzen und zu verschiedenen Entwicklungsstadien unterschiedlich gut für die Photosynthese ausgenutzt.
Generell kann gesagt werden, dass C4-Pflanzen die Energie besser umsetzen als C3-Pflanzen (siehe oben).
Diese Tatsache wurde von verschiedenen Autoren durch Beleuchtungsversuche nachgewiesen (Tollenar und Aguilera, 1992; Wilson and James, 1984; Gallagier und Biscoe, 1978 in: Ehlers 1996, 132 ff).
Tollenar und Aguilera (1992) fanden für verschiedene Kulturpflanzen RUE – Werte, die von 2,8 (Erdnuss) bis 3,3 (Mais) reichen. Unsere häufigsten Getreidearten, Weizen und Gerste, liegen beide bei 3,0 g TM pro MJ^{-1} absorbierte PAR.
Diese Strahlungsausnutzungswerte verstehen sich als Mittelwerte und schwanken je nach Lichtangebot und Entwicklungsstadium der Pflanzen.
Wang (2001, 60 ff) hat für je zwei frühe und zwei mittelfrühe Maissorten (Arsenal, Agadir und Banguy, Attribut) Lichtausnutzungskoeffizienten von 3,18 und 3,03 sowie 3,80 und 3,43, bei einer Pflanzendichte von 8 Pflanzen pro m^2 und einem BFI von 3,5 – 3,75, bestimmt. Die Spitzenwerte der Lichtaufnahme liegen bei den Sorten Arsenal und Banguy bei fast 11 MJ m^{-2} Tag^{-1}.
Der Zuwachs an Trockenmasse steigert sich in Wangs Versuch im Verlauf der Wachstumsperiode der Maispflanzen von etwa 1 g auf 50 g m^{-2} Tag^{-1}
Monteith (1978 in: Ehlers 1997) gibt die durchschnittliche Wachstumsrate im Verlauf der Vegetationsperiode von C3-Pflanzen mit 13 g m^{-2} Tag^{-1} und die von C4-Pflanzen mit 22 g m^{-2} Tag^{-1} an.

5.2 Die Evapotranspiration

Die Evapotranspiration umfasst als Teil der Wasserhaushaltsgleichung eines Gebietes die Evaporation, also die Verdunstung von vegetationsfreien Bodenoberflächen bzw. Wasseroberflächen sowie die Transpiration, also die Verdunstung an den Oberflächen der Pflanzen von deren Spaltöffnungen.
Als zusätzliche Größe existiert noch die Interzeptionsverdunstung, welche die direkte Verdunstung des Niederschlagswassers von den Pflanzen abdeckt. Die Interzeption wird häufig zur Evaporation gerechnet und nicht gesondert erfasst.
Zur Erfassung der Gesamtwasserbilanz eines Gebietes wird die Wasserhaushaltsgleichung verwendet.

Wasserhaushaltsgleichung eines Gebietes oder einer Fläche:

$$N + (Z) = V + A + (R - B)$$

wobei:
N = Niederschlag
Z = Zufuhr aus artesischen und frei fließenden Gerinnen
V = Verdunstung
A = Abfluss und
R – B = Rücklage minus Verbrauch, die Vorratsveränderung (S) angeben.

Sind alle anderen Größen der Wasserhaushaltsgleichung bekannt, also die Niederschlagsmenge sowie der Abfluss, kann die Verdunstung leicht ermittelt werden. Die Vorratsveränderung (S) ist nur bei Betrachtungen innerhalb kurzer Zeiträume relevant und kann in der Regel entfallen, wenn der Betrachtungszeitraum ein ganzes hydrologisches Jahr beträgt und die hydrologische Situation nicht verändert wurde (Scheffer; Schachtschnabel 2002, 240).
In Gebieten mit einer positiven Wasserbilanz, wie es im Untersuchungsgebiet (Landkreis Göttingen) der Fall ist, kommt es in der Regel nur im Winterhalbjahr zur Versickerung von Niederschlagswasser und zur Grundwasserneubildung. Als vereinfachende Annahme wird daher davon ausgegangen, dass während der Vegetationsperiode keine Versickerung stattfindet solange der aktuelle Bodenwasserbestand kleiner als die Feldkapazität ist.

Die Messung der Niederschläge wird in der BRD mittels dafür konzipierten Auffangbehältern, den so genannten *Hellman – Regenmessern* vorgenommen und lässt sich vergleichsweise leicht ermitteln.
Niederschlagsdaten liegen in Deutschland durch ein dichtes, vom Deutschen Wetterdienst (DWD) betriebenes Messnetz in langen Zeitreihen vor.
Messungen zu den Wasserbewegungen im Bodenkörper und der Transfer Boden – Atmosphäre sind relativ schwierig zu erfassen. Als messtechnische Einrichtung für die Ermittlung dieser Größen können Lysimeter (vgl. Abb. 5.2.1) verwendet werden.
Lysimeter sind relativ aufwendige, in den Boden eingelassene Behälter mit integrierten Messeinrichtungen für Wasserbewegungen. Abflüsse in den Behälter und aus dem Behälter werden gemessen, um somit Wasserbewegungen von der Atmosphäre und in die Atmosphäre genau bilanzieren zu können.
Für eine rechnerische Ermittlung der Evapotranspiration sind seit Mitte des letzten Jahrhunderts zahlreiche Verfahren entwickelt worden.
Die hier in Deutschland am weitesten verbreitete Berechnungsmethode, die auch vom DWD verwendet wird, stammt von Haude.
Haude versuchte zwischen 1952 und 1955 in zahlreichen Versuchen mit Kleinlysimetern (siehe oben) und Tontöpfen sowie mittels Abfluss- und Niederschlagsmessungen in einem abgegrenzten Gebiet bei Hannover die Verdunstungsgröße einer Landschaft zu bestimmen.
Als einzige meteorologische Größe fließt das Sättigungsdefizit der Luft um 14 Uhr mit in die von ihm entwickelte Gleichung ein.
ETHaude = F * (E - e)14 Uhr ,wobei (E - e)14 Uhr das errechnete Sättigungsdefizit der Luft um 14 Uhr ist und F einen empirisch ermittelten Faktor aus gemessenen Verdunstungswerten darstellt.
International sehr verbreitet und von der FAO empfohlen, ist die von Penman (1948, 1954, 1956) entwickelte Formel.
Gegenüber der Berechnung nach Haude bekommt unter anderem die Strahlung, als weitere meteorologische Größe, ein starkes Gewicht.

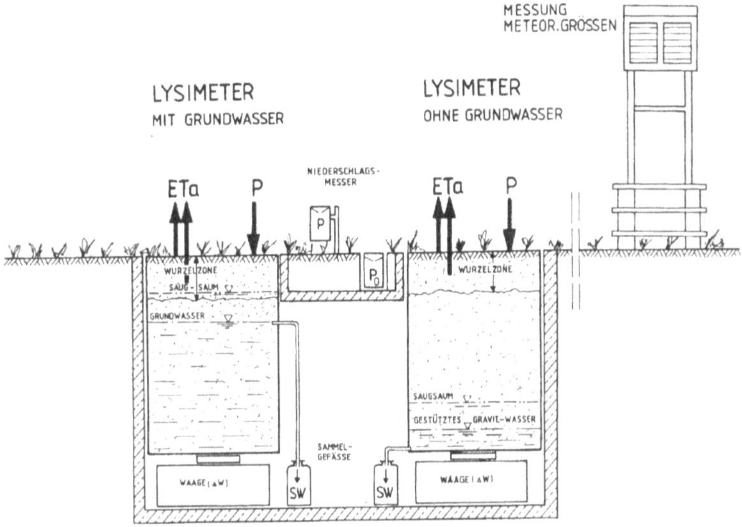

Abb. 5.2: Lysimeteranlage mit und ohne Grundwassereinfluss zur Erfassung von ET. Quelle: DVWK – Merkblätter 1996 19Merklätter, 1996

$$Epo = \frac{\Delta Ho + \gamma\, Ea}{\Delta + \gamma} \quad mm/\,Tag$$

Wobei:

Δ = Steigerung der Sättigungsdampfdruckkurve mit der Temperatur

Ho = Nettostrahlung

Ea = Sättigungsdampfdruck der Atmosphäre und

γ = 0,4855 (Psychrometerkonstante)

Bei seinen Versuchen in Südengland ermittelte Penman mit Hilfe von Lysimetern und in den Boden eingelassenen Tanks die potentiellen Verdunstungen von freien Wasseroberflächen sowie die einer von Gras bewachsenen Oberfläche bei verschieden eingestellten Grundwasserständen.

Neben den genannten Verfahren von Haude und Penman existieren u. a. noch Berechnungsmethoden nach Rijtema, Turc, Wendling und

Thornthwaite. Alle Verfahren gelangen zu leicht bis stark variierenden Ergebnissen hinsichtlich der potentiellen Verdunstung einzelner Monate während der Vegetationsperiode (Sponemann, 1980, 32).

Durch Verdunstungsmessungen auf einem Ackerstandort in Niedersachsen (Ahrbergen bei Hildesheim) in den Jahren 1972-1975, ermittelte Sponemann (1980) eigene Kultur- und Bodenabhängige Verdunstungswerte, die er ETreal nannte.

Die von ihm ermittelten ETreal-Werte weisen eine hohe Korellation mit den über das Rijtma-Verfahren ermittelten Verdunstungswerten auf und liegen, insbesondere in der Hauptvegetationszeit, bis zu einem Faktor von 1,6 über denen von Haude. (Sponemann, 1980, 66).

Sponemann führt dies auf die weitestgehend vernachlässigten Faktoren des Bodens und des Bewuchses bei allen Formeln, außer bei der von Rijtema, zurück.

Rijtemas Berechnungsverfahren schließt den Boden- und Vegetationseinfluss in Form von Widerständen (Bodensaugspannung, Diffusionswiderstand für den Phasenwechsel des Wassers sowie den Rauhigkeitswiederstand der Bodenbedeckung) mit ein.

In Anlehnung an Rijtema nahmen Renger et al. (1977) eine Anpassung der Berechnungsformel für hiesige Verhältnisse vor, die tabelliert von Renger (1978) zusammengefasst wurden (Sponemann, 1980, 21).

Ein in jüngerer Zeit von Renger und Wessolek (1990) entwickeltes Verfahren zur Ermittlung der realen Verdunstung, welches sich wiederum auf den Rijtema-Ansatz bezieht und in der Wasserwirtschaft eine breite Anwendung gefunden hat (Haferkorn 2000, 76), wurde von Haferkorn herangezogen, um eigene Lysimetermessungen am Versuchsstandort Brandis zu überprüfen.

Im Vergleich der nach Renger und Wessolek berechneten Jahresverdunstungswerte und ihren eigenen, mittels Lysimetern gemessenen Werten, fielen alle für verschiedene Bodentypen berechnete Werte niedriger aus als die von Haferkorn durchgeführten eigenen Lysimetermessungen.

In einem weiteren Vergleich konnte Haferkorn (2000, 87) feststellen, dass es auch bei den nach Sponagel ermittelten ETreal /ETHaude – Verdunstungswerten, in diesem Fall bei der Kulturart Kartoffeln, zu zum Teil erheblichen Abweichungen von den eigenen Lysimetermessungen kam.

Nach Haferkorn (2000, 89) liegt die Begründung für diese Abweichungen bei den meisten Berechnungen in den ungenügend erfassten Variabilitäten der Witterung sowie pflanzenspezifischer Parameter.
Ein weiterer Grund für die Abweichung der Sponal-Faktoren von den realen Verdunstungswerten könnte u.a. die Ertragssteigerung der letzten 30 Jahre sein.
Seit Sponagels Messungen, Anfang der 1970er Jahre, ist beim Winterweizen eine durchschnittliche Ertragssteigerung von ca. 60 % erreicht worden.
Nach Angaben des Statistischen Jahrbuchs über Ernährung Landwirtschaft und Forsten (1974, 1980), lagen die durchschnittlichen Winterweizenerträge in den Jahren 1973-1979 bei 107,65 dt/ha. Zwischen 1999 und 2004 lagen die durchschnittlichen Erträge bei 172,3 dt/ha.
Höhere Erträge bedeuten eine höhere Biomasseproduktion und einen höheren Wasserverbrauch der Pflanzen.
Weiterhin können aufgrund von schwankendem Wasserangebot in verschiedenen Jahren sowie schwankender Einstrahlungsraten sowohl die Transpiration als auch die Evaporation von Jahr zu Jahr variieren und sich der Bestimmung durch Formeln zumindest teilweise entziehen.
Eine weitere Fehlerquelle bei allen vorgestellten Verfahren zur Evapotranspirationsberechnung ist die ungenügende Erfassung der vorhandenen Bodenwassermenge des jeweiligen Standortes.
Sponagel gibt zwar unterschiedliche Faktoren für Böden an, doch sind diese, mit einer Unterscheidung von Böden mit 80 – 140 mm nFKwe und für Böden mit 240 mm nFKwe, zu wenig differenziert.
Wenn man die in der Literatur angegebenen Transpirationskoeffizienten für verschiedene Kulturarten genauer betrachtet, dann wird einem schnell klar, dass diese, wie eingangs erwähnt, zu hoch liegen. Dies wird deutlich, wenn man die durchschnittlichen Hektarerträge mit den zur Verfügung stehenden Wassermengen vergleicht.
Wenn Weizen tatsächlich 450 Liter Wasser pro kg Trockensubstanz benötigen würde, dann müssten für die Produktion von 17 Tonnen Trockenmasse, also 1,7 kg pro m², 765 Liter Wasser zur Verfügung stehen. Diese Mengen sind aber allerhöchstens auf den besten Standorten mit hoher Feldkapazität und Nachlieferung aus dem Grundwasser zu erwarten und können keine Durchschnittssituation wieder- spiegeln.

Anders herum kann man die meisten errechneten Verdunstungswerte für Einzelmonate (z.B. nach Verfahren von Haude, Penman, Turc, Rijtema), anhand der Ernteerträge leicht als unwahrscheinlich einstufen.
Um zum Beispiel auf annähernd realistische Weizenerträge auf den besseren Böden zu kommen, muss die Evapotranspiration von etwa 100 mm * m^{-2} im Mai auf über 140 mm * m^{-2} im Juli ansteigen. Nur mit Verdunstungsmengen in dieser Größenordnung sind hohe Getreideerträge überhaupt möglich.
Die von verschiedenen Autoren entwickelten Bestandeskoeffizienten (Kc) (DVWK 1996, 40), für die kulturspezifische Umrechnung der Grasrefferenzverdunstung (FAO-Standard), bieten sich für die Berechnung monatlicher Verdunstungsmengen von Kulturen an.
Aber insbesondere für gute Standorte, mit hohem Ertragspotential, fallen auch die auf diese Weise berechneten Verdunstungsmengen zu niedrig aus.
Nach eingehender Untersuchung möglicher Berechnungsmethoden wurden für die weiteren Untersuchungen zu den Biomasseerträgen die nach Verknüpfungsregel 6.4.4. (Arbeitshefte Boden, 2004) bzw. DVWK-Merkblätter (1984 / 205, 3) tabellierten, kulturspezifischen Faktoren für die jeweiligen Dampfdrucksättigungsdifferenzen der Einzelmonate verwendet.
Diese Faktoren ersetzen die von Haude ermittelten monatsvariablen Faktoren, welche nicht kulturspezifisch sind und die Verdunstungsmengen in der Hauptvegetationszeit nicht realistisch erfassen.

5.2.1 Generalisiertes Verhalten der Evapotranspiration

Die Evapotranspiration wird, wie eingangs schon erläutert, maßgeblich durch die zur für Verdunstung zur Verfügung stehende Energie in Form von direkter Einstrahlung oder latentem Wärmetransport sowie der Verfügbarkeit von Wasser im System Boden – Pflanze beeinflusst.
Im Allgemeinen unterscheidet man bei der Betrachtung der Evapotranspiration noch zwischen der sog. potentiellen Evapotranspiration (ETpot) und der aktuellen Evapotranspiration (ETa) (Scheffer; Schachtschnabel, 2002).
Die aktuelle Evapotranspiration kann, laut Kunze et al. (1994, 187), unter der potentiellen Evapotranspiration liegen, jedoch nicht darüber.
Wie im vorangegangenen Abschnitt gezeigt, stimmt dies nicht ganz und hängt sehr von der Art der Berechnung der ETpot ab.

Für den ersten Fall (ETa < ETpot) kann gesagt werden, dass das Matrixpotential des Bodens abgesunken ist und die von der Pflanze erzeugte Saugspannung nicht mehr ausreicht, um unvermindert Wasser aufzunehmen und zu transpirieren.

Je nach Matrixpotential und Korngrößenzusammensetzung des Bodens tritt dieser Fall bei verschiedenen Wassergehalten auf.

Je nach Art des Bewuchses und dem Bedeckungsgrad einer Bodenfläche, können Transpiration und Evaporation sehr unterschiedliche Verhältnisse zueinander aufweisen.

Bei einem vollständig mit Pflanzen bedeckten Boden geht der Anteil der Evaporation gegen Null und die Transpiration der Pflanzen bestimmt die Verdunstung. Dies zeigt sich besonders deutlich bei geschlossenen Getreidebeständen mit voll entwickeltem Blattflächenindex (BFI) und Grünlandflächen (Kaden et al. 1999, 59).

Dieser Zusammenhang wird durch die auf dem Boden auftreffende Energiemenge, in Abhängigkeit des LAI und der Lichtinterzeption durch die Pflanzen gut beschrieben und lässt sich als Funktion des Verhältnisses aus Nettostrahlung am Boden zu Nettostrahlung über dem Pflanzebestand ableiten (vgl. Abb. 5.2.1).

Bei spärlichem Bewuchs ist der Bodenverdunstungsanteil relativ hoch. Mit dem Aufwachsen und Lückenschließen der Pflanzen während der Sommermonate und zusätzlich noch verstärkt durch geringe Feuchte im Oberboden, steigt der Transpirationsanteil stark an (Haferkorn 2000, 41).

Monteith (1975, 150) zitiert Penman und Long (1960), die etwa 10% der Gesamtverdunstung von einem Weizenfeld im Juni als Bodenverdunstung feststellen konnten. Müller und Ehlers (1987) ermittelten in einem von ihnen entwickelten Verfahren die Evaporationsmengen unter den Kulturen Ackerbohne und Hafer für verschiedene Zeitpunkte der Bestandesentwicklung. Durch eine Trennung der beiden Bestandteile der Evapotranspiration konnten sie den Verlauf des Verhältnisses der beiden Größen ermitteln.

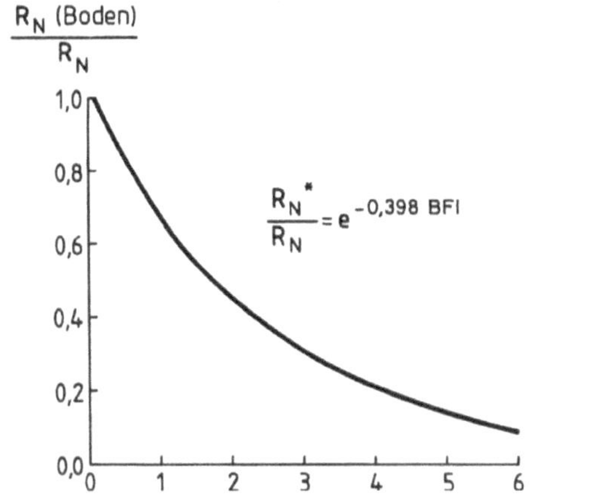

Abb. 5.2.1: Lichtinterzeption (Strahlung über dem Bestand / Strahlung am Boden) in Abhängigkeit vom BFI-Wert. Quelle: Ehlers, 1996

Für beide Kulturen ergab sich eine Verhältnisentwicklung, bei der zu Beginn der Bestandesentwicklung die Bodenverdunstung zwischen 25 und 50% der Transpiration ausmachte und mit zunehmender Bestandesverdichtung auf 0-10% absank.

Als dritte Verdunstungsgröße, neben der Evaporation und der Transpiration, existiert noch die bereits erwähnte Interzeptionsverdunstung als Verdunstung des Niederschlagswassers direkt von den oberirdischen Pflanzenteilen wie Blättern oder Stängeln. Je nach Bewuchs variiert diese Größe sehr. Nach Kuntze et al. (1994) kann die Interzeptionsverdunstung von Koniferen bis zu 300 mm/Jahr ausmachen. Bei landwirtschaftlichen Kulturen mit kurzer Wachstumszeit beträgt sie bis zu 50 mm pro Jahr. Kaden et al. (1999) haben bei ihren Untersuchungen zum Wassertransfer Boden – Pflanze – Atmosphäre im Havelland Interzeptionsverdunstungswerte von Grünlandflächen im Bereich von unter 0,1 bis 1 mm /Tag ermittelt. Bei gemessenen Evapotranspirationsraten von 0,1 bis 5 mm / Tag kann die Interzeption bei voll entwickeltem Pflanzenbestand also bis zu 20 % ausmachen.

Nach Monteith (1975, 118 f) tritt Interzeptionsverdunstung in erster Linie auf, wenn es zu Regenereignissen gekommen ist. Auf den Pflanzenoberflächen haben sich dann dünne Wasserfilme gebildet, die bei Feldfrüchten wie z.B. Mais 0,4-0,8 mm dick sein können. Dies nennt er dann die *interception storage capacity.*

Mit einem Absinken des Sättigungsgrades der Atmosphäre kann dieser Wasserfilm dann verdunstet werden.

Monteith wirft allerdings auch die Frage auf, ob denn Interzeptionsverdunstung tatsächlich ein Wasserverlust des Systems Boden-Pflanze darstellt und kommt zu dem Schluss, dass dies zumindest bei kleinen Pflanzen, wie Gräsern, nicht der Fall wäre (1975, 121 f). Als Begründung gibt er an, dass die Pflanze ungefähr die Menge an Transpirationswasser einspart, die durch die Interzeptionsverdunstung von ihrer Oberfläche verdunstet ist.

5.3 Der Transpirationskoeffizient

Wie bereits erwähnt, variiert der Transpirationsanteil an der Gesamtverdunstung je nach Art des Bewuchses oder der Kulturart und in Abhängigkeit vom Entwicklungsstand der jeweiligen Vegetation. In einem jungen Bestand ist die Transpiration, gemessen an der Gesamtverdunstung, gering und es geht viel Wasser als so genannte *unproduktive Verdunstung* in die Atmosphäre verloren. Unproduktive Verdunstung ist die, die nicht direkt zum Wachstum der Pflanze beiträgt, also die Bodenevaporation.
Da es sehr schwierig ist, die beiden Verdunstungsanteile voneinander zu trennen, gibt man die Wassermenge, die eine Pflanze zum Aufbau einer Trockenmasse von einem Kilogramm benötigt meist als Transpiration plus Evaporation, also die gesamte Verdunstete Wassermenge an.
Diese Größe, die in den Lehrbüchern des Pflanzenbaus für die meisten Nutzpflanzen einsehbar ist, nennt man den Transpirationskoeffizienten. Manchmal findet sich in der Literatur auch dessen Kehrwert, die *water use efficiency of productivity* (WUEp).
Die von Meyer 1930 erstmals definierte WUE lässt sich als Gleichung wie folgt ausdrücken (Larcher 2001, 126):

$$WUEp = \frac{\text{organische Trockensubstanzproduktion}}{\text{Wasserverbrauch}} \quad [\text{gTS} * \text{kg}^{-1}\, H_2O]$$

Da der Transpirationskoeffizient (oder richtig Evapotranspirationskoeffizient) die gebräuchlichste Variante darstellt, um das Verhältnis von Trockensubstanzproduktion zum Wasserverbrauch darzustellen, wird in dieser Arbeit auf den ETP zurückgegriffen.
Der Versuch, den Transpirationsanteil vom Evaporationsanteil zu trennen, also einen "echten" Transpirationskoeffizienten (TK) und nicht den Eva-

potranspirationskoeffizienten (ETK) einer Pflanze zu ermitteln, ist unter anderem von Ehlers (1997, 147 ff) gemacht worden.
Roth et al. (1988, 398) sehen dies allerdings als problematisch an, da zu diesem Zweck der Boden zur Atmosphäre hin isoliert werden muss und dies wiederum den Gasaustausch und letztendlich auch das Pflanzenwachstum beeinflusst.
Es scheint also sinnvoller, bei der Betrachtung des Wasserbedarfs von Kulturen den Gesamtwasserbedarf, also den ETK als Größe zu verwenden und dies auch begrifflich abzugrenzen, wie Ehlers (1997, 143) es vorschlägt.
Beim vergleichenden Lesen der Literatur zu diesem Thema wird außerdem deutlich, dass in den Lehrbüchern des Pflanzenbaus oft zu hohe Werte für den ETK angegeben werden. Für Weizen finden sich Standardwerte für den TK, die den Wasserverbrauch mit 400-500 Litern pro Kilogramm Trockensubstanz angeben. Die gesamte Schwankungsbreite innerhalb verschiedener Arten wird mit 200 – 900 l /kg angegeben.
In Versuchen (Roth et al., 1987; Ehlers, 1997; Haferkorn, 2000) wurde mittels Lysimetern der tatsächliche Wasserverbrauch des Weizens eher bei 250 – 350 l / kg TRS festgestellt.
Mundel (1992) hat einen Wasserverbrauch von Silomaisbeständen mittels Lysimetermessungen im Schankungsbereich von 214 l / kg und 150 l / kg festgestellt. Die bessere Wasserausnutzung trat dabei bei den höheren Gesamterträgen (2,6 vs. 1,4 kg / m²) ein.
Bohner und Eder (2005) ermittelten den Wasserverbrauch von Silomaisbeständen in einer Lysimeteranlage je nach Art der Düngung bei 242 und 254 l / kg Trockenmasse bei einem Ertragsniveau von 1,6 und 1,76 kg / m².
Diese Werte stimmen soweit mit denen der pflanzenbaulichen Lehrbuchliteratur überein. Lütke Entrup und Oehmichen (2000 b, 405) geben den Wasserverbrauch von Mais mit 200 l /kg TRS an.
Ehlers (1997) zitiert in seinem Buch diverse andere Autoren, die ähnliche Versuche zum Wasserverbrauch von Nutzpflanzen durchgeführt haben.
Er kommt zu dem Schuss, dass die überhöhten Werte, die in der Standardliteratur immer wieder übernommen werden, ihre Abstammung wahrscheinlich von alten Messungen aus den USA haben. Briggs und Shantz und andere Agrarwissenschaftler haben Anfang des 20. Jahrhunderts Verdunstungsmessungen verschiedener Feldfrüchte durchgeführt und haben Versucht, den Zu-

sammenhang zwischen Wasserverbrauch und Trockenmasseproduktion zu beschreiben.
Die Versuchsergebnisse aus den USA sind aber nur eingeschränkt auf den mitteleuropäischen Raum übertragbar, da sie im semiariden Klima durchgeführt wurden und der Wasserverbrauch von Pflanzen mit zunehmender Aridität ansteigt.
Somit lässt sich sagen, dass der ETK einerseits von einer Art zur anderen schwankt und zusätzlich aufgrund von klimatischen Gegebenheiten höher oder niedriger ausfallen wird.
Aus diesem Grund wird bei der weiteren Betrachtung des Wasserverbrauchs der beiden untersuchten Kulturarten Mais und Triticale, auf die in der neueren Literatur angegebenen ETK-Werte aus dem mitteleuropäischen Raum zurückgegriffen.
Da zur Kulturart Triticale keine empirisch ermittelten, genauen Untersuchungen zum Wasserverbrauch vorliegen, wurde bei der hier vorgestellten Methode auf die gemessenen ETK-Werte für Weizen zurückgegriffen. Triticale, als Bastard der Arten Weizen und Roggen, soll laut pflanzenbaulicher Lehrbuchliteratur eine intermediäre Stellung hinsichtlich des Wasserverbrauchs einnehmen, also etwas weniger Wasser benötigen als Weizen und etwas mehr als Roggen (Lütke Entrup; Oehmichen 2000 b, 379).

5.3.1 Abhängigkeit des ETK von Düngung und Wasserverfügbarkeit

Der Wasserverbrauch von Kulturen ist nicht nur vom Sättigungsdefizit der Luft (und somit vom Klima) und der natürlichen Wassernachlieferung aus dem Boden abhängig, sondern kann auch direkt durch Düngung und Beregnung gesteuert werden.
Ziel von beidem ist natürlich die an den Wasserumsatz gekoppelte Ertragsleistung.
Bei diesen drei Größen - Wasserversorgung, Düngung und Ertrag - kann aus pflanzenbaulicher Sicht ein Optimum erzielt werden, bei dem ein maximaler Ertrag mit dem geringsten Wassereinsatz erzielt wird.
Aus verschiedenen Versuchen zur Wasserintensität, Düngung und dem Ertrag von Weizen (Eck, 1988; Klapp, 1962; Schulze-Gemèn, 1957 aus: Ehlers 1997, 157 ff), lässt sich ein linearer Zusammenhang feststellen.

Bei allen drei Versuchen stiegen die Korn – und Gesamtpflanzenerträge von Weizen und Roggen (Roggen wurde von Eck nicht untersucht) mit steigender Düngung und verbessertem Wasserangebot an. Mit dem Ansteigen der Erträge ging eine Absenkung der Wasserintensität einher, d.h. der ETK sank.
Ein Optimum von 472 l / kg wurde bei Eck mit 210 kg N ha^{-1} und Beregnung erzielt.
Bei dem Versuch von Schulze-Gemèn wurde mit einer N,P,K,Ca und Stallmistdüngung der Ertrag des Weizens gegenüber der Null-Düngung mehr als verdoppelt und der ETK um die Hälfte gesenkt. Für Roggen ließ sich ein ähnlicher Trend mit schwächerer Ausprägung feststellen.
Im Versuch von Klapp stieg der Weizenertrag bei Volldüngung um mehr als 100%, der Roggenertrag um 70%. Der Wasserverbrauch stieg bei beiden Kulturen in Relation zum Ertragszuwachs nur geringfügig an.
Bei den Versuchen von Klapp und Schulze-Gemèn wird wiederum deutlich, dass der Roggen gegenüber dem Weizen weniger anspruchsvoll hinsichtlich der Nährstoffe und dem Wasserangebot ist. Diese vom Roggen auf den Bastard Triticale übertragene Eigenschaft macht diesen wohl dem Weizen auf den Böden mit Ackerzahlen von 30-60 überlegen (Vgl. Punkt 3.2).
Ein ähnlicher Zusammenhag von Wasserangebot, Düngung und Ertrag existiert beim Silomaisanbau.
Mundel (1992) konnte anhand von Lysimeterversuchen einen linearen Zusammenhang zwischen Ertrag und Wasserangebot bei Silomaisbeständen feststellen.
Zusätzlich ließ sich feststellen, dass die Maispflanze bei einer guten Stickstoffversorgung das verfügbare Wasser rationeller nutzen konnte und es somit zu einer Absenkung des ETK kam.
Der Ertragssteigerung durch vermehrte Stickstoffdüngung sind nach oben hin allerdings Grenzen gesetzt.
So führte die Steigerung der Stickstoffdüngung von 170 auf 220 kg N/ha in einem Anbauversuch am Oberrhein (ITADA Projekt A1.3 1996-1999) nicht zu einer weiteren Zunahme der Trockenmasseproduktion. Dies bestätigte die Festlegung der berechneten Optimaldüngung auf 170 kg N/ha.
Dies bedeutet, dass die Jahresniederschläge die kumulative, über das Jahr gerechnete Gebietsverdunstung überschreiten. Es steht also, auf das Ge-

samtjahr gesehen, überflüssiges Wasser für den Abfluss über die Vorfluter und Flüsse zur Verfügung.

Dies heißt allerdings nicht, dass dies in jedem Monat der Fall ist. Im Allgemeinen existiert im Gebiet der BRD die Situation, dass in den Sommermonaten mehr Wasser verdunstet, als an Niederschlägen nachgeliefert wird.

Dies hängt einerseits mit den strahlungsbedingten höheren Verdunstungs-

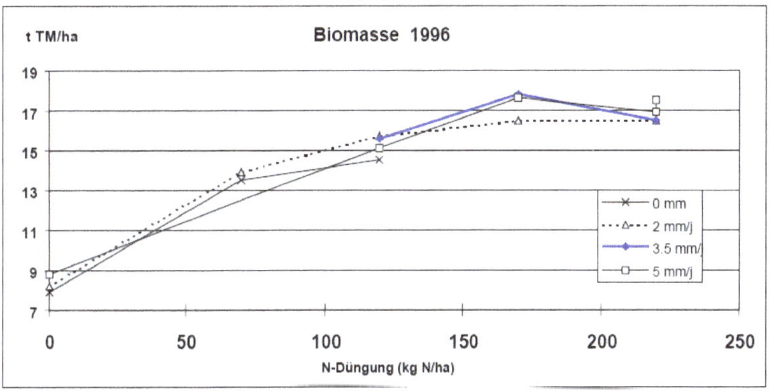

Abb. 5.3.1: Trockenmasseproduktion von Körnermais in Abhängigkeit von Stickstoffdüngung und Beregnung. Grafik aus: ITADA Projekt A1.3 1996-1999

6. Vorgehensweise und Datengrundlage

6.1 Fragestellungen zur Ermittlung des Biomassepotentials

Ausgehend von der Fragestellung, in welcher Größenordnung das Biomassepotential für ausgewählte Kulturen des Landkreises Göttingen wohl liegen mag, kommt eine wissenschaftliche Untersuchung nicht ohne die Grundlagen des Pflanzenbaus aus.

Wie schon unter Punkt 3 angesprochen, haben die beiden Kulturarten Mais und Triticale einerseits sehr verschiedene Ansprüche, wie zum Beispiel an die Temperaturen für Keimung und Wachstum, andererseits können die grundlegenden Faktoren, die ihr Wachstum fördern oder mindern, durch sehr ähnliche Parameter erfasst werden.

In erster Linie sind hier die Strahlung und hiervon wiederum der photosynthetisch aktive Teil (PAR) sowie die Verfügbarkeit von Wasser zu nennen.

Der Mais hat zwar, was den Verbrauch an Wasser pro kg erzeugter Trockensubstanz betrifft einen geringeren Anspruch als Triticale aber wenn man von den hohen Massenerträgen ausgeht, die man mit Mais erzielen möchte, so muss auch der Mais während seines Aufwuchses mit reichlich Wasser versorgt sein.

Bei der Versorgung der Pflanzen mit Wasser spielt wiederum der Boden mit seiner Wasserspeicherfähigkeit neben den Gebietsniederschlägen eine wichtige Rolle.

Ein ausreichendes Maß an Strahlung ist ebenso für beide Kulturarten notwendig und kann, in nicht unerheblichem Maße (insbesondere beim Mais) über den Biomasseendertrag mitentscheiden.

Für den Wasserhaushalt des Untersuchungsgebietes (der Landkreis Göttingen) gelten ähnliche Verhältnisse, wie man sie in weiten Teilen Westdeutschlands anfindet. Das Gebiet weist eine positive klimatische Wasserbilanz auf (vgl. Abb. 6.1.1).

Dies bedeutet, dass die Jahresniederschläge die kumulative, über das Jahr gerechnete Gebietsverdunstung überschreiten. Es steht also, auf das Gesamtjahr gesehen, überflüssiges Wasser für den Abfluss über die Vorfluter und Flüsse zur Verfügung.

Dies heißt allerdings nicht, dass dies in jedem Monat der Fall ist. Im Allgemeinen existiert im Gebiet der BRD die Situation, dass in den Sommermonaten mehr Wasser verdunstet, als an Niederschlägen nachgeliefert wird.

Dies hängt einerseits mit den strahlungsbedingten höheren Verdunstungsraten in den Sommermonaten zusammen, andererseits damit, dass auch die Hauptwachstumszeit der Vegetation in die Sommermonate fällt.

Die Pflanzen haben dann einen hohen Wasserbedarf für den Aufbau ihrer Biomasse und kurbeln mit ihrer Transpiration die Gesamtverdunstung der Landschaft mächtig an.

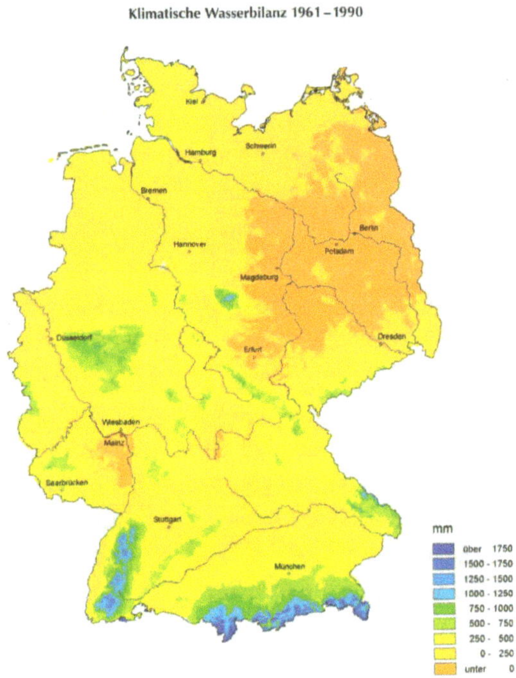

Abb. 6.1.1: DWD-Karte der klimatischen Wasserbilanz in der BRD. Größere Bereiche mit negativer Bilanz existieren nur in Ostdeutschland und im Rhein-Main-Gebiet. Quelle: Karpenstein-Machan, 2005

Da die Niederschläge in den Sommermonaten die Verdunstung in der Regel nicht kompensieren können, sind die Pflanzen in dieser Zeit, zumindest zum Teil, auf das im Boden gespeicherte Wasser angewiesen.

Sofern der Pflanzenstandort ein grundwassernaher (Grundwasser steht in weniger als 1,5 – 2 m unter der Flur an) ist, können die Pflanzen zusätzlich durch kapillaren Wasseraufstieg aus dem Grundwasser versorgt werden. Ist dies nicht der Fall, so kann die pflanzenverfügbare Wassermenge im Boden

über Gedeihen oder Verwelken oder zumindest über die Höhe des Ertrages entscheiden.
So kann selbst im humiden Klima Westdeutschlands die Situation eintreten, dass eine Beregnung der Kulturen im Sommer notwendig wird.
Renger und Strebel (1982) haben für Niedersachsen eine flächendeckende Untersuchung zur Beregnungsbedürftigkeit von Kulturflächen erstellt.
So weist z.B. der Osten Niedersachsens Bereiche auf, in denen eine negative klimatische Wasserbilanz vorliegt.
Ob und wann in diesen Gebieten eine Beregnung notwendig wäre, muss natürlich differenzierter betrachtet werden. So kann ein Boden mit guten Sorbtionseigenschaften, einer hohen pflanzennutzbaren Bodenwassermenge und eventuellem Grundwasseranschluss auch in Gebieten mit einer klimatisch negativen Wasserbilanz die Pflanzen ausreichend mit Wasser versorgen.
Andererseits kann es auf Böden, denen die genannten Eigenschaften fehlen, auch in Gebieten mit Wasserüberschuss zu einer Verknappung in der Vegetationsperiode kommen.
In den Wintermonaten, mit deren geringeren Bodenverdunstungsraten und der Inaktivität der transpirierenden Pflanzen, kommt es im humiden Klima der Mittel-breiten in aller Regel zu einer Wiederauffüllung der Bodenwasservorräte, so dass diese zum Beginn der Vegetationsperiode wieder zur Verfügung stehen.
Dies muss allerdings nicht zwangsläufig der Fall sein. Wenn die Winterniederschläge nicht ausreichen oder viel Wasser auf gefrorenen Böden in den direkten Abfluss geht, wird der Bodenspeicher nicht gänzlich wiederaufgefüllt.
Anhand dieser kurzen Erläuterungen kann man deutlich sehen, was für eine große Rolle der Boden neben den Niederschlägen für die Wasserversorgung der Pflanzen spielen kann.
Eine weitere wichtige Größe im Zusammenspiel der Faktoren, die das Pflanzenwachstum entscheidend mitbestimmen, ist natürlich auch die Nährstoffversorgung der Pflanzen. Diese war vor der Zeit moderner Düngemittel und Justus von Liebigs Erfindung des Stickstoffdüngers in erster Linie Bodenabhängig.
Da heute auch auf nährstoffarmen Böden mittels ausreichender Düngung gute Erträge erzielt werden können, wird auf den Boden als Nährstofflieferant der Pflanze in dieser Arbeit nicht weiter eingegangen.

So hängt der pflanzliche Ertrag, zumindest was die exogenen, vom Menschen schlecht steuerbaren Einflüsse angeht, in erster Linie vom Strahlungs- und vom Wasserangebot eines Standortes ab.
Unglücklicherweise fallen Zeiten hoher Strahlungsraten, wie bereits erwähnt, nicht unbedingt mit Zeiten guter Wasserversorgung zusammen.
Nach einer einfachen Gleichung (siehe unten), die der englische Agrarforscher Monteith aufgestellt hat (Monteith, 1990 in: Ehlers 1997, 190 ff), lässt sich anhand der Klimaparameter des gemittelten monatlichen Gebietsniederschlages, dem monatlichen gemittelten Sättigungsdefizit der Luft und der örtlichen Globalstrahlung sowie der Produktivität der Transpiration (PT) und der RUE (radiation use efficiency) ermitteln, ob für eine Kulturart gerade die Strahlung oder der Niederschlag im Minimum sind.

$$J = \frac{RUE}{PT \cdot \Delta e / (\Delta e)0}$$

Wobei:

J = Steigung der Geraden aus Abb. 6.1.2
PT = Produktivität der Transpiration in Gramm pro Liter
Δe = Das über den Monat gemittelte Sättigungsdefizit der Luft in mbar oder kPa
$(\Delta e)0$ = Das Einheitssättigungsdefizit in Höhe von 10 mbar bzw. 1kPa
RUE = Die Ausnutzungseffizienz der Strahlung in Gramm pro PAR

Die PT ist der Kehrwert der Transpiration, also die erzeugte Trockenmasse in Gramm pro Liter Wasser bzw. kg TRS / m^3 Wasser.
Anhand der Regressions-geraden (j) kann man nun für die einzelnen Monate erkennen, ob jeweils der Niederschlag oder die Strahlung im Minimum sind und das Wachstum begrenzen.
Monate mit Wasserdefizit liegen unterhalb der Geraden, Monate mit Strahlungsdefizit oberhalb der Geraden.

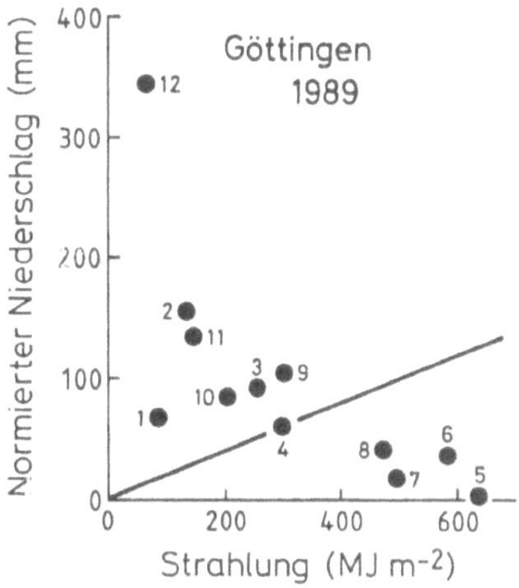

Ob diese Beziehung für jeden einzelnen Standort zutrifft, hängt natürlich wieder von kleinräumigen Standortunterschieden hinsichtlich der Bodenwasserverfügbarkeit und dem tatsächlichen Strahlungsgenuss der Fläche ab.
Um diesen kleinräumigen Unterschieden im Gelände (also von einem Flurstück zum

Abb. 6.1.2: Monate mit einem Strahlungsdefizit liegen über der Geraden, Monate mit einem Niederschlagsdefizit unter der Geraden. Quelle: Ehlers, 1996

nächsten) und erst recht den Unterschieden in einem relativ großen Gebiet Rechnung zu tragen, wurde für die Biomassepotentialermittlung eine möglichst hohe Auflösung der Eingangsdaten (siehe unten) gewählt.
Die Eingangsdaten, die für die Biomassepotentialuntersuchung in dieser Arbeit verwendet wurden, liegen im ESRI-Shapefile-Format mit angehängter DBF-Datentabelle vor.
Die Datensätze des topgraphischen Strahlungsgenusses, des Gebietsniederschlags, und die Gebietsverdunstung nach Haude liegen in zeitlicher Auflösung nach Monaten für den gesamten Landkreis vor.
Weiterhin liegen Daten zu wichtigen Bodenparametern, wie Bodenart, nFKwe, Acker- und Bodenzahl und Grundwassereinfluss in Form einer Excel Tabelle für den Landkreis vor. Bei allen Klima – und Bodendaten geht die räumliche Auflösung bis auf die Ebene der Ackerschläge, also die der Bodenschätzung im Maßstab 1:5000.
Für die Untersuchung der Datensätze wurden in erster Linie die Programme ArcGIS und Excel verwendet.

Aufgrund der Größe der Datensätze mit über 35.000 Einzelflächen, bot es sich an, die Dateien aufzuteilen. Auf diese Weise sind fünf einzelne Untersuchungsgebiete als Teilbereiche des Landkreises entstanden.

6.2 Primärdaten

Für die Berechnung der Biomassepotentiale wurden in erster Linie Daten aus dem NIBIS® (Niedersächsisches Bodeninformationssystem) verwendet.
Diese Daten sind der Universität Göttingen für die Anfertigung dieser und einer weiteren Diplomarbeit vom LBEG, Hannover (Landesamt für Bergbau Energie und Geologie) im Rahmen eines Kooperationsvertrages freundlichst zur Verfügung gestellt worden.
Aus dem NIBIS® wurden folgende Primärdaten für die Berechnungen der Biomassepotentiale verwendet.

1. Regionalisierte Klimarasterdaten in der Auflösung 250 m
    - Niederschlag Monat n, n =1,... in mm
    - Verdunstung nach Haude Monat n, n =1,... in mm
    - Topographischer Strahlungsgenuss Monat n, n =1,... in J / cm² / h

2. Bodendaten im Maßstab 1:5000 (Daten der Bodenschätzung)
    - Nutzbare Feldkapazität des effektiven Wurzelraumes (nFKwe) in mm
    - Ackerzahl
    - Bodenzahl
    - Kulturart
    - Bodenart
    - Grundwasserböden

6.2.1 Klimarasterdaten

Den regionalisierten Klimarasterdaten des NIBIS® liegen die täglichen Klimadaten der 42 Hauptwetterstationen Niedersachsens zugrunde.

Der Datenbestand umfasst zurzeit Daten von 1960 – 2002, wobei nicht für alle Stationen alle Daten komplett vorhanden sind. Die Fortführung erfolgt in Jahresintervallen.
Die Klimadaten liegen als Microsoft SQL-Datenbank unter dem Namen NIBIS_KLIMA vor. Alle vom deutschen Wetterdienst in Offenbach bereitgestellten Daten sind hierin enthalten.
Die Klimakennwerte des NIBIS®, wie die Temperatur, die Globalstrahlung und der Niederschlag, sind langjährige Mittel, die aus den Tageswerten des DWD berechnet wurden.
Zusätzlich wurden die Kennwerte für unterschiedliche Zeiträume aggregiert, um einerseits dem offiziellen Klimazeitraum des DWD von 1960 -1990 (Klimahauptperiode) zu entsprechen und andererseits um den deutlich trockeneren Jahren nach 1990 gerecht zu werden.
Die Verdunstung wurde gemäß den Verknüpfungsregeln 7.4.4 und 7.4.3. aus den Auswertungsmethoden im Bodenschutz (Müller, 1997) bzw. VKR 6.4.1. und 6.4.2. in der Ausgabe 2004, als Tageswerte berechnet.
Wie die Niederschlagsdaten, werden diese pro Jahr für die unterschiedlichen Zeiträume aufsummiert und der Durchschnitt über alle Jahre gebildet.

6.2.2 Regionalisierung der Klimadaten

Die Regionalisierung der punktuellen Klimadaten des DWD im NIBIS® erfolgte im Rahmen einer Kooperation zwischen der BGR (Bundesanstalt für Geowissenschaften und Rohstoffe), dem LBEG (ehemals NLfB), dem DWD sowie dem Institut für physische Geographie der Universität Göttingen. An der Universität Göttingen wurden im Rahmen dieser Zusammenarbeit Verfahren und Programme für die Regionalisierung von Klimadaten entwickelt. Für die Regionalisierung der Klimadaten wurde eine Kombination aus GCM-Downscaling und komplexanalytischen Verfahren zur Parametrisierung topoklimatisch relevanter Oberflächeneigenschaften gewählt (Böhner, Arbeitshefte Boden, 2004/4).

Als Downscaling verstehen sich Verfahren, in denen großräumige, von allgemeinen Zirkulationsmodellen (GCM) als Numerical Weather Prediction (NWP) Daten oder Regionalanalysedaten und generierte Zirkulationsdaten mit lokal beobachteten Klimastationsdaten verknüpft werden.

6.2.3 Strahlung

Für die Regionalisierung der an den Hauptwetterstationen des DWD gemessenen Strahlungswerten (Globalstrahlung) wurde für die im NIBIS® verwendeten regionalisierten Strahlungsdaten die Abschwächung der direkten Solarstrahlung, also die Transmissionsraten der direkten Solarstrahlung, bedingt durch die optische Dichte der Atmosphäre (dargestellt durch eine Funktion des Dampfdrucks) sowie durch eine Funktion aus Sonnenazimut, Sonnenhöhe, Geländeneigung- und Exposition (Vgl. Abb. 6.2.4), der potenzielle kurzwellige topographische Strahlungsgenuss berechnet. Die Informationen zu den Neigungswinkeln der Flächen entstammen dem für diese Berechnung zugrunde gelegtem DGM. Mit Hilfe des DGM lassen sich der orographische Horizont und die Abschattung einer Fläche im Tagesverlauf Ermitteln.

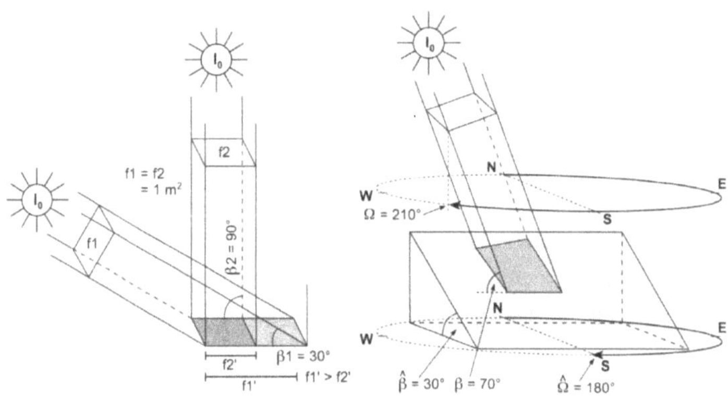

Abb. 6.2.3: Einstrahlungsgeometrie in ebenem und geneigtem Gelände. In geneigtem Gelände kommt der Geländewinkel (Θ) zum tragen. Er setzt sich zusammen aus: cosβ * sin β + sin β * cos β * cos (Ω-Ω) = cos Θ.
Quelle: Bendix, 2004

Die Berücksichtigung der Bewölkungsverhältnisse wurde durch eine Anpassung der direkten Solarstrahlung auf Basis von Bedeckungsgraden erreicht.
Die Stationsbeobachtungen weichen im Jahresmittel um durchschnittlich 1.26% und maximal um 2.9% (-2.89%) von den Regionalisierungsergebnissen ab.
Eine Ausnahme bildet der Juli, in dem der Höchstbetrag der Residuen von über 80 $J^{*} cm^{-2} {*}d^{-1}$ ($-87.76\ J\ {*}cm^{-2}\ {*}d^{-1}$) einer Unterschätzung der monatlichen Evapotranspiration von 11.1 mm entspricht,
Ansonsten liegen die Höchstwerte der residualen Abweichungen ganzjährig unter 10 mm monatlichem Verdunstungsäquivalent (Böhner, Arbeitshefte Boden, 2004/4).

6.2.4 Niederschläge

Für die Regionalisierung der Niederschläge sind, als wichtige, die Niederschläge beeinflussende Größe, die Luv– und Leelagen des Reliefs mit Hilfe des DGM parametrisiert worden.
Als weitere, die Niederschläge beeinflussende Faktoren, wurden größere Wasserflächen sowie Staubemissionen über großstädtischen Ballungsräumen berücksichtigt und sind in die modellierte Darstellung der konvektiven Niederschläge mit eingeflossen.
Grundlage für die Regionalisierung der Niederschlagsdaten war eine hohe Stationsdichte, welche eine repräsentative räumliche Verteilung von Niederschlagsbeobachtungen gewährleistet. Hierfür wurde das REGNIE-Niederschlagsraster (Regionalisierung räumlicher Niederschlagsverteilungen) des Deutschen Wetterdienstes als Basisdatensatz in der Auflösung von 30 geographischen Sekunden längenparallel und 60 geographischen Sekunden breitenparallel in Anspruch genommen. Hierauf basierend wurden die Höhe, die Expositionsrichtung des Geländes sowie der Betrag der Exposition als Einflussvariablen bei der kleinräumigen Niederschlagsverteilung berücksichtigt.

6.2.5 Die Verdunstung

Für die Darstellung der regionalen Verdunstungswerte wurden die Verfahren nach Haude (Beschrieben im Teil 5.2 dieser Arbeit) sowie die Erweiterte Verdunstungsgleichung nach Penman (beschrieben im Teil 5.2 dieser Arbeit),

die Penman-Monteith-Formel und die daraus abgeleitete FAO-Penman-Monteith-Formel, verglichen.
Bei der Berechnung mit dem Verfahren nach Haude ergab sich durch die Integration stark höhenabhängiger Klimavariablen (Temperatur und Dampfdruck-Defizit) eine stark hypsometrisch gegliederte räumliche Differenzierung der Verdunstungsraten (Böhner, Arbeitshefte Boden, 2004/4).
Bei der Berechnung der Verdunstung nach der Penman-Monteith-FAO-Gleichung, werden die Ergebnisse aufgrund des Einflusses der Parameter *aerodynamischer Verdunstungswiderstand* sowie dem *Bestandswiderstand der Luft*, beeinflusst.
Durch die Integration der Strahlungsbilanz (W / m²) in die FAO-Penman-Monteith-Formel, reagiert diese zudem sehr sensibel auf die regionalen Strahlungsverhältnisse im Gelände.
Aufgrund des Einflusses der regionalen Wind- und Strahlungsverhältnisse kommt es bei der Berechnung nach FAO-Penman-Monteith zu zum Teil extremen kleinräumigen Abweichungen der Verdunstungsmengen (Böhner, Arbeitshefte Boden 2004/4).
Für die Ertragsberechnungen dieser Arbeit wurden die regionalisierten mittleren monatlichen Verdunstungsraten nach Haude verwendet.

6.2.6 Bodendaten

Die Datenerhebung der Bodenschätzung geht auf das „Gesetz über die Schätzung des Kulturbodens" vom 16. Oktober 1934 zurück. Ziel der Gesetzgebung war es, neben der Erstellung einer gerechten Besteuerungsgrundlage für landwirtschaftliche Betriebe, gleichzeitig eine allgemeine bodenkundliche Grundinventur für Bodennutzungsplanungen durchzuführen. Die Bestandsaufnahme besteht aus einer Abgrenzung von Bodenarealen mit gleicher Ausstattung im Flurkartenmaßstab, d.h. etwa 1:3.000 und größer sowie einer inhaltlichen Beschreibung der Profile an den Grablöchern bis in ein Meter Tiefe. Der Arealabgrenzung liegt ein Rasterbohrnetz von 50 mal 50 Metern zugrunde.
Die Auswertung der Daten der Bodenschätzung für aktuelle bodenkundliche Fragen begann bereits Mitte der 60er Jahre auf Grundlage des Bodenschätzungserlasses. Das Ergebnis der Auswertung wurde in Form der Bodenkarte auf Grundlage der Bodenschätzung im Maßstab 1:5.000 (DGK5Bo) publiziert.

Seit Mitte der 1980er Jahre werden die Bodenschätzungsdaten der einzelnen Grablöcher, die vorher per Hand in Karten übertragen, also abgeschrieben und ausgewertet wurden, beim NLfB durch eine moderne Datenverarbeitung digital erfasst. Der Datenbestand im NIBIS® umfasst derzeit etwa 800.000 bestimmende Grablöcher mit 2.500.000 Horizonten (Engel, N. , K. Mithöfer, Arbeitshefte Boden, 2003/1).
Da die Auswertung der Grablochbeschreibungen nur im Zusammenhang mit den Arealen Sinn macht, werden unter anderem die Arealgrenzen im NIBIS® mit abgespeichert
Die Daten der Bodenschätzung werden dem Niedersächsischen Landesamt für Bodenforschung (NLfB) (das NLfB ist heute Teil des LBEG) über die Bezirksregierungen digital zur Verfügung gestellt und im Fachinformationssystem Boden (FIS-Boden) des Niedersächsischen Bodeninformationssystems (NIBIS®) verwaltet. Die Bodenschätzungsdaten beinhalten eine Beschreibung der Beschaffenheit der Flächen (Klassen), der Ertragsfähigkeit (Wertzahlen) und ihre Abgrenzung (Klassenflächen). Im Feldschätzungsbuch werden dabei, neben Angaben zu den ertragsrelevanten Besonderheiten des Bodens und des Klimas, die Informationen zum bestimmenden Grabloch, also zum Schichtaufbau der Fläche dokumentiert.
Zur Integration in das NIBIS® werden die Daten konvertiert.
Hierzu werden die Profildaten im ASCII-Textformat mit einer speziellen Software, dem Profilreader, in eine MS-SQL-Server-Datenbank eingelesen. Die Geometrien werden mit dem ALK-ATKIS-Reader der Firma TARIS in ArcView-Shapefiles konvertiert und als ArcInfo-Coverages gespeichert. Anschließend werden diese geprüft und, wenn nötig korrigiert (Engel, N. , K. Mithöfer, Arbeitshefte Boden, 2003/1).
Da die Nomenklatur der Bodenschätzung von der aktuellen wissenschaftlichen bodenkundlichen Nomenklatur abweicht, müssen die Profildaten und Grablochbeschreibungen für die Auswertung mit der Methodenbank des NIBIS® homogenisiert werden. Dies geschieht mit Hilfe eines Übersetzungsschlüssels, der die Bodendaten in den aktuellen bodenkundlichen Sprachgebrauch nach dem Standard des Profilerfassungsprogramms des NLfB (PEP) übersetzt.

Bei dem PEP handelt es sich um eine Anpassung und Spezifizierung der Bodenkundlichen Kartieranleitung (4. Auflage, AG Boden 1994) für Niedersachsen.

Seit dem Jahr 2000 erfolgt die thematische Auswertung der übersetzten Profildaten über ein hauseigenes System des NLfB, dem Methoden-Management-System, kurz MeMaS®.

Bedingt durch die Genese der Bodendaten aus der Bodenschätzung existieren gewisse Einschränkungen hinsichtlich des Informationsgehaltes.

Im Rahmen der Bodenschätzung werden Profile nur bis maximal 1 m Tiefe aufgenommene, was die Aussagekraft z. B. hinsichtlich des Grundwassereinflusses einschränken kann.

Außerdem fehlen bei den Bodenschätzungsdaten Angaben zur Hangneigung, Exposition und der relativen Lage im Gelände, die für einige Auswertungsmethoden (z. B. Erosionsgefährdung durch Wasser) unerlässlich sind und deshalb aus anderen Datengrundlagen wie z. B. digitalen Geländemodellen ermittelt werden müssen.

Die Übersetzung der Bodenschätzungsdaten kann unter Umständen zu Fehlinterpretationen führen, da das Ergebnis von der Qualität der Eingangsdaten (vollständige Inhalte, Vorhandensein interpretierbarer Merkmale wie z. B. Farbe oder Eisen) und dem Übersetzungsschlüssel abhängig ist.

Eine fachliche Überarbeitung unter Zuhilfenahme andere Informationen wie z.B. der Geologie und dem Relief ist daher für die Übernahme der Bodenschätzungsdaten ins NIBIS® notwendig.

Für die weitere Verwendung werden die Bodendaten vom NLFB in fünf Qualitätsstufen eingeteilt.

In der Qualitätsstufe 1 erfolgt eine vollautomatische Übersetzung und Auffüllung von leeren Datenfeldern vom MeMaS® System.

Qualitätsstufe 2 beinhaltet eine allgemeine Korrektur durch einen Sachbearbeiter.

In der Qualitätsstufe 3 werden zusätzlich weitere Informationen zu den lokalen Gegebenheiten, wie Geologie und Relief, hinzugezogen.

Auf Qualitätsstufe 4 werden einzelne Profile überprüft und korrigiert und Kartierergebnisse aus dem Untersuchungsraum berücksichtigt.

Qualitätsstufe 5 wird durch eine gezielte Überprüfung eines Profils, mittels einer Bohrung am bestimmenden Grabloch erreicht.
Für die in dieser Arbeit verwendeten Bodendaten wurden, aufgrund der großen verarbeiteten Flächenanzahl, die Qualitätsstufen 2 bzw. 3 verarbeitet.

7. Die Untersuchungsmethode

Für die in dieser Arbeit vorgestellte Biomassepotentialabschätzung standen relativ hoch aufgelöste Daten (siehe oben) großflächig zur Verfügung.
Auch wenn die Daten aus der Bodenschätzung, so wie sie hier verwendet worden sind, aufgrund der bloßen Anzahl an Flächen unmöglich für jede einzelne Fläche oder auch für Flächenverbände hätte überprüft werden können, so kann doch selbst mit den auf Qualitätsstufe zwei und drei ausgewerteten Bodendaten, eine Analysegenauigkeit geschaffen werden, die mit rein rechnerischen Methoden unter Einbeziehung der Atmosphäre und des Bewuchses nicht erreicht wird.
Denn gerade die Einbeziehung der bodenbürtigen Wasserverfügbarkeit für die Einzelflächen lässt eine wesentlich genauere Abschätzung des Wachstumspotentials für jeden Standort zu.
Die Bodenwasserverfügbarkeit ist dann sozusagen rückgekoppelt mit den zur Verfügung stehenden atmosphärischen Daten, wie dem Niederschlag, der Verdunstung und des Strahlungsklimas. Die Atmosphärendaten sind auch wiederum auf die Genauigkeit der Einzelflächen bzw. Feldblöcke aufgelöst, so dass für jede Einzelfläche eine relativ hohe Genauigkeit des zeitlichen Verlaufes von Bodenwasser und Pflanzenwachstum erreicht wird.

7.1 Der Untersuchungsansatz

Da die zeitliche Auflösung bei den verwendeten Daten auf die Ebene von Einzelmonaten geht, war es im ersten Schritt der Entwicklung eines Untersuchungs- bzw. Abfragemodells erst einmal wichtig, den ungefähren Wachstumsverlauf der zu untersuchenden Kulturen zu kennen.
Dies hat insofern eine wichtige Bedeutung, da die Entwicklung der oberirdischen Blattmasse (Entwicklung des BFI) Schlüsse über die Assimilationsraten

Abb. 7.1.1: crop growth rate, net assimilation rate und kumulative Trockenmasse in Abhängigkeit vom BFI bei Getreide. Quelle: Ehlers, 1996

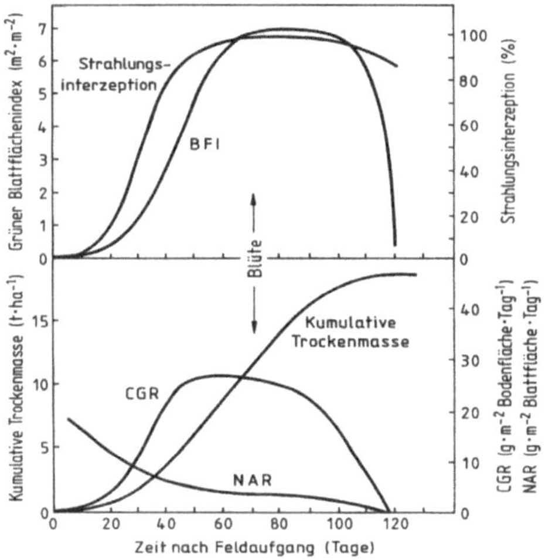

und den Wasserverbrauch der Pflanzen während deren Wachstumsverlauf zulassen. Nach Ehlers (1997, 134 ff) steigt die Lichtausnutzung bei Kulturpflanzenbeständen mit zunehmendem BFI während der Vegetationsperiode zunächst steil an und verlangsamt sich dann mit fortschreitender Annäherung an den Lichtsättigungspunkt. Mit zunehmendem Blattflächenindex nimmt zwar die Einzelassimilation der individuellen Blätter, die sog. "net assimilation rate" (NAR) ab, doch die Gesamtassimilationsleistung der Pflanze, die "crop growth rate" (CGR) steigt weiter an.(vgl. Abb. 7.1.1).

Je nach Ausprägung der Blatthaltung von Pflanzen, planophil (wagerecht) oder erectophil (aufrecht), können hohe Strahlungsintensitäten besser oder schlechter ausgenutzt werden. Bei hohen Lichtintensitäten kann eine Pflanze mit erectophilen Blättern die Strahlung besser ausnutzen, bei planophiler Blatthaltung werden auch geringe Lichtquantenmengen noch optimal verwertet (Ehlers 1997, 135).

Die Strahlungsinterzeption des Gesamtbestandes steigt im Verlauf der Vegetationsperiode mit wachsender CGR an und erreicht dann, je nach Verfügbarkeit von Strahlung und Wasser, einen mehr oder weniger hohen maximalen Blattflächenindex (BFI). Hier wird schon einmal kurz angedeutet, wo es bei dieser und auch bei anderen Methoden der Biomassepotentialabschätzung zu Variabilitäten und Ungenauigkeiten kommen kann.

Je nach Aussaattermin, Bestandesdichte und ressourcenabhängiger Entwicklung des Pflanzenbestandes (Wasser, Licht), kann ein und die Selbe Kulturart verschieden große maximale BFI-Werte entwickeln.

Da es für jede Art bzw. Sorte einen optimalen BFI-Wert gibt, gilt dies natürlich nur wenn der tatsächliche BFI unter dem Optimum zurück bleibt. In diesem Fall wird die maximale CGR, die normalerweise unter den gegebenen klimatischen Bedingungen zu erwarten wäre, nicht erreicht.

Da für diese Arbeit keine eigenen BFI-Messungen vorgenommen worden sind, wurden Daten aus der Literatur verwendet.

Der Schwankungsbereich von Winterweizenbeständen reicht von einem BFImax von weniger als 4 m² Blattfläche (Demircan 1994, 77) bis zu fast 9 m² pro Quadratmeter Bodenfläche (Warfing et al. 1972 in: Lütge Entrup; Oehmichen, 2000a).

Bei Maisbeständen finden sich in der Literatur gemessene BFI-Werte, die, ähnlich wie beim Winterweizen von 3,3 (Demircan 1994, 63) bis 9,1 m² Blattfläche pro Quadratmeter Bodenfläche reichen (Schittenhelm et al. 2005).

Diese starken Schwankungen innerhalb einer Art sind wahrscheinlich einerseits auf Sortenunterschiede und andererseits auf Bestandesdichte (row-spacing beim Mais) und Wachstumsbedingungen zurückzuführen.

Schittenhelm et al. (2005) haben bei Silomaissorten in Anbauversuchen eine maximale Lichtinterzeption bei einem BFI von fünf ermittelt.

Die frühreifende Sorte Gavott erreichte mit einem maximalen BFI von 5,6 annähernd zur gleichen Zeit die höchste Lichtinterzeption wie die Vergleichssorten Doge und Mikado (Energiemaisprototypen) mit einem BFI von 8,6 und 9,1.

Der Versuch habe gezeigt, so die Autoren, dass die höheren Biomasseerträge der Sorten Mikado und Doge auf die verzögerte Abreife und nicht den höheren BFI zurückzuführen sei, denn der optimale BFI für die Lichtinterzeption bei Mais läge bei etwa 5 m² Blattfläche / m² Bodenfläche.

Für die von Demircan (1994) ermittelten BFI-Werte von Winterweizen ließ sich ein Zusammenhang zwischen BFImax und Trockenmasseproduktion feststellen. So lag die geerntete Trockenbiomasse bei dem Weizenbestand mit einem BFImax von 3,7 mit 1,367 kg $*m^{-2}$ rund 16,5 % unter der des Bestandes mit einem BFImax von 4,5.

Geisler (1980, 44) gibt für Getreidearten häufig vorkommende BFI-Werte von 6-7 an.

Gardner et al. (1985, 31 ff) definieren für alle Kulturpflanzen, unabhängig von der Art, einen optimalen Blattflächenindex von etwa fünf.

Begründet wird dies von Gardner damit, dass bei den meisten Kulturpflanzen mit einem BFI von fünf eine Strahlungsinterzeption von 95% erreicht wird. Er nennt diesen Punkt den *critical LAI* also den Punkt, ab dem eine weitere Erhöhung des BFI der Pflanze keinen weiteren Nettoassimilationsgewinn liefern würde.

Dies liegt darin begründet, dass im unteren Bereich des Bestandes eine gewisse Mindestlichtmenge eindringen muss, damit der Lichtkompensationspunkt der Pflanzen nicht unterschritten wird. Dieser Punkt stimmt bei einem maximalen Lichtquantenfluss von 2300 µmol m^{-2} s^{-1} mit dem Lichtkompensationspunkt vieler Arten, der bei 115 µmol $*m^{-2}$ $*s^{-1}$ liegt, also mit 95% Lichtinterzeption überein.

Aufgrund von Vergleichen von BFI-Werten in der Literatur (Plant-Data Uni Gießen; Schittenhelm et al., 2005; Demircan, 1994) kann angenommen werden, dass Maisbestände aufgrund ihres starken Massenwachstums eine höhere Wahrscheinlichkeit haben einen für die Nettoassimilation günstigen BFI-Wert zu erreichen und auch bei BFI-Werten von über fünf keine Abnahme der CGR zu erwarten ist (siehe oben).

Ein Vorteil, den die Maispflanze gegenüber dem Getreide hat, ist vermutlich der stockwerkartige Blattaufbau kombiniert mit der allgemein größeren Pflanzenhöhe.

Aber ausgehend von der Annahme, dass der optimale BFI für die Biomassegesamtproduktion für Triticale und andere Getreidearten sowie für Mais mit fünf erreicht ist,

wird bei den in dieser Arbeit vorgestellten Ertragsberechnungen dieser Wert als Maximum angenommen.

Anders als bei der Trockenmasseproduktion, nimmt die relativ zur Entwicklung der Blattfläche verlaufende Wasserverbrauchsintensität ab, es findet also eine gegen-läufige Entwicklung statt.

Anders gesagt bedeutet dies, dass während der Hauptwachstumsphase, also während des Schossens und der Blüte, die höchsten Wassermengen pro kg produzierter Trockenmasse Verbraucht werden.

Dies spiegelt sich unter anderem in der relativ zur Gesamtverdunstung ansteigenden Transpiration der Pflanze in Relation zum Blattflächenindex und dem Gesamtzuwachs des Bestandes, der CGR, wieder.

Auf der Grafik von Ehlers (Abb. 7.1. 2) werden der Verlauf der BFI-Entwicklung von Hafer und dessen relative Transpirationsrate zur Gesamtverdunstung dargestellt.
In den ersten Wochen des Blattflächenwachstums steigt die Kurve steil an, was auf eine starke Zunahme der grünen Pflanzenmasse schließen lässt. Die relative Transpiration steigt im gleichen Maße rapide an und verlangsamt sich dann mit neu hinzukommender Pflanzenmasse. Das heißt also, dass der Hafer während des Bestandesaufbaus die höchsten Transpirationsraten pro

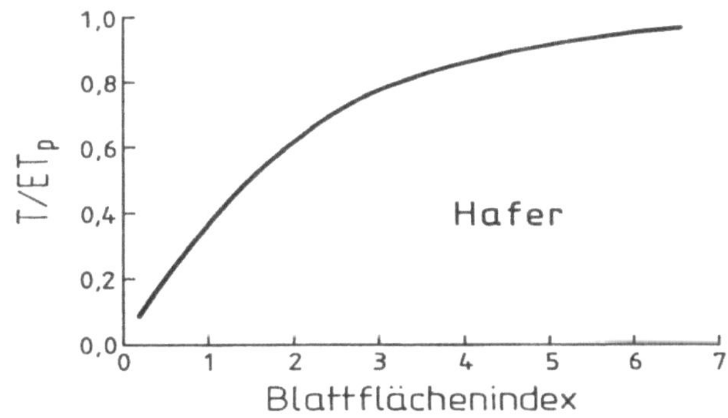

Abb. 7.1.2: Verlauf des BFI und der Transpirationsrate von Hafer während des Wachstums. Quelle: Ehlers, 1996

Oberflächeneinheit hat.
Wenn eine Kulturart also im Durchschnitt ihres gesamten Wachstums einen mittleren Wasserverbrauch von 250 l pro kg erzeugter Trockenmasse hat, dann ist der Verbrauch zu Beginn sehr hoch, z.B. über 500 l * kg^{-1}
und sinkt dann auf ein Minimum, z.B. unter 150 l * kg^{-1}, das ungefähr mit dem Zeitpunkt des höchsten BFI-Wertes zusammenfällt und steigt dann zum Ende der Wachstumsphase wieder leicht an.
Roth et al. (1988) haben genau diesen Verlauf des Wasserverbrauchs in Relation zur produzierten Biomasse, in diesem Fall bei Kartoffeln, in einem Gefäßversuch beschrieben (vgl. Abb. 7.1.3).

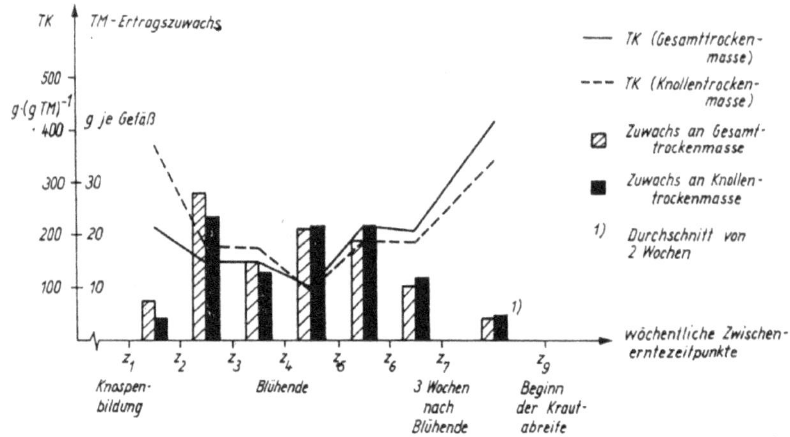

Abb. 7.1.3: Verlaufskurve des Transpirationskoeffizienten bei Kartoffeln. Quelle: Roth et al., 1988

Wenn also der ungefähre Verlauf der BFI-Entwicklung der zu untersuchenden Kulturart bekannt ist, muss als nächstes die jeweilige Biomassebildung in Gramm Trockenmasse, die *crop growth rate*, zu den verschiedenen BFI-Entwicklungsstadien bestimmt werden.

Für die Bestimmung dieser Größe bzw. Abhängigkeit existieren Arbeiten verschiedener Autoren auf die zurückgegriffen werden kann.

Da gemessene CGR-Werte, die man der Literatur entnehmen kann aber auch immer von den jeweiligen Strahlungsverhältnissen abhängen, ist in dieser Arbeit die von Monteith eingeführte und von Ehlers (1997, 138) beschriebene RUE (radiation use efficiency) für die Bestimmung der CGR verwendet worden.

Tollenar und Aguliera geben die durchschnittliche Strahlungsausnutzung von Getreidearten wie Winterweizen oder Sommergerste mit 3 Gramm pro MJ absorbierter PAR (photosynthetic active radiation) an, die von Mais mit 3,3 Gramm.

Kemanian et al. (2004) kommen zu einem ähnlichen Ergebnis.

Wang (2001, 61) stellte bei seinen Anbauversuchen mit frühen und mittelfrühen Maissorten RUE-Mittelwerte zwischen 3 und 4 Gramm und Spitzenwerte von über 4 Gramm pro MJ PAR fest (vgl. Abb. 7.1.5, Sorte Banguy).

Wie man aus dem Verlauf der RUE-Kurve und der BFI-Entwicklung (Abb. 7.1.4) entnehmen kann, fallen die höchsten Lichtausnutzungsraten in die Zeit, in der der Bestand seinen höchsten BFI entwickelt hat.
An diesem Punkt der Bestandesentwicklung fällt also die höchste RUE mit der höchsten CGR und dem niedrigsten Wasserverbrauch (ETK) zusammen.

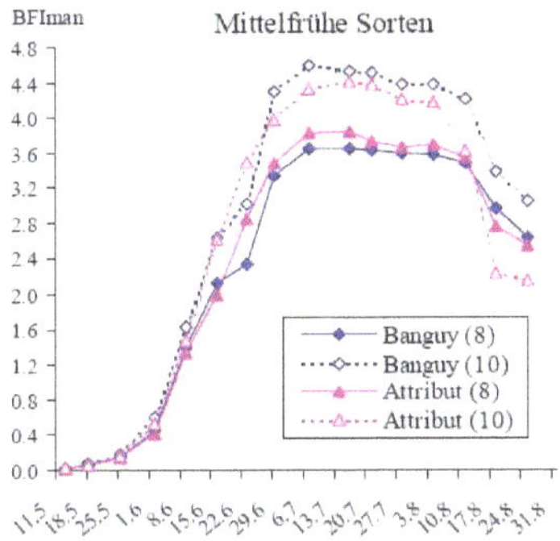

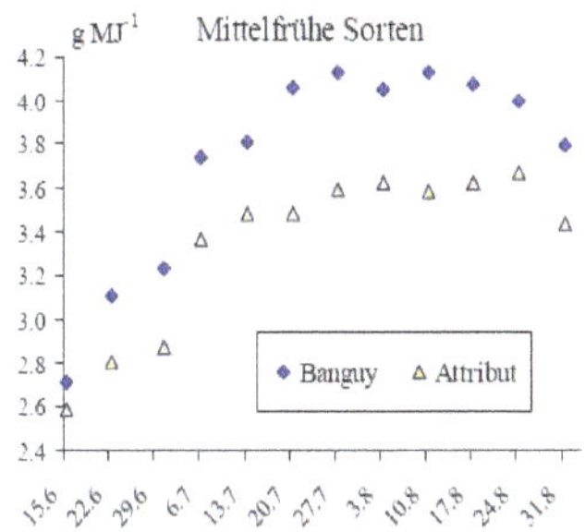

Abb. 7.1.4 und 7.1.5 BFI-Entwicklung und RUE-Kurve (g/MJ) bei mittelfrühen Maissorten Quelle: Wang, 2001

Da die individuelle Ermittlung von Wasserverbrauch und CGR bei den rund 40.000 zu analysierenden Einzelflächen kaum innerhalb eines vertretbaren zeitlichen Rahmens möglich gewesen wäre, bot es sich an, eine art Schablone - also ein Grundmuster des durchschnittlichen Wasserverbrauchs und der Trockenmassebildung - für die Einzelmonate zu entwickeln.
Diese Schablone kann dann zeitsparend an alle Einzelfälle (also die Einzelflächen) angelegt werden und es können darüber hinaus die klimatischen und boden-relevanten Einzelparameter Niederschlag und Strahlung sowie nFKWe, Bodenart und kappilare Aufstiegsrate, mit in die Berechnung eingehen.
Für eine derartige Analyse bietet sich ein Tabellenkalkulationsprogramm, wie z.B. Excel, an.
Die im Arc-Gis Shape-Format (mit angehängter DBF-Tabelle) vorliegenden Flächendaten mussten also zunächst für die Bearbeitung in eine Excel-Tabelle importiert werden.
In Excel können nun beliebig neue Tabellenfelder geschaffen werden, in denen aus den Flächen-Rohdaten, wie dem Niederschlag, der Strahlung oder

den Bodenkennwerten nach der vorher entwickelten Abfragemethode neue Daten entstehen, die wiederum Informationen zur Biomasseentwicklung enthalten.

Viel Gewicht liegt also auf dem ersten Schritt der Untersuchung, der Anfertigung einer guten Schablone. Denn wenn die verallgemeinerten Annahmen zum Wasserverbrauch und zur Trockenmassebildung hinreichend genau sind, wird auch die nachfolgende Einzelabfrage der Flächendaten einen akzeptablen Genauigkeits-grad besitzen.

Zunächst wurde also eine Tabelle angefertigt, die nach Einzelmonaten aufgelöst den Wachstumsverlauf der beiden Kulturen darstellt.

Hierbei ging es erst einmal darum, zu klären, zu welchem Zeitpunkt die Aussaat erfolgt und wann der Feldaufgang der jeweiligen Kultur stattfindet.

Unter anderem sollte auch berücksichtigt werden, dass auf den klimatisch- bzw. bodenbegünstigten Standorten eine Zweikulturnutzung mit den beiden Kulturen Triticale und Mais, wie von Karpenstein-Machan (2005) propagiert, erfolgen kann.

Bei den ersten Untersuchungen zu dieser Modellvariante wurde sehr schnell deutlich, dass während der Hauptvegetationsperiode (Mai bis August) zwar genug Strahlung für das Pflanzenwachstum auf dem Boden ankommt, dass jedoch das pflanzenverfügbare Wasser zum limitierendem Faktoren für die Biomasseproduktion wird.

Daher bot es sich an, erst einmal einen optimalen Wachstumszeitraum für jede Kultur zu bestimmen und innerhalb dieses Zeitraumes die möglichen Erträge zu ermitteln.

Für Triticale sollte der Aussaattermin nicht zu spät gewählt werden, da sonst die Winterfestigkeit der Pflanzen und der Ertrag gemindert werden. In der Vorwinterentwicklung sollen die Pflanzen 1-3 Bestockungstriebe ausgebildet haben (Karpenstein-Machan, 2005, 25).

Um den Pflanzen ausreichend Zeit zur Entwicklung der ersten Bestockungstriebe zu geben, sollte die Aussaat Ende September bis Anfang Oktober erfolgen.

Klimatisch begünstigte Standorte (z.B. tiefere Lagen der Mittelgebirge oder Flussniederungen) lassen auch spätere Aussaattermine bis Mitte Oktober zu (Lütke Entrup; Oehmichen, 2000 b, 381).

Da Mais relativ frostempfindlich ist und eine Mindestkeimtemperatur von 8-10° C benötigt (siehe Punkt 3.1), hängt der Zeitpunkt der Aussaat für den Silomais auch von den örtlichen klimatischen Gegebenheiten ab.
In den klimatischen Gunstlagen kann Mais schon Anfang April ausgesät werden, in den Vor- und Mittelgebirgslagen liegt der Saatzeitpunkt eher Ende April bis Anfang Mai (Lütke Entrup, Oehmichen 2000, 381).
Wenn die Zeitpunkte für die Aussaat im Modell festgelegt sind, kann man nun anhand der EC – Code Entwicklungsstadien den Aufwuchs für das Getreide und den Mais simulieren (vgl. Tabellen 7.1.1 und 7.1.2)

Tabelle 7.1.1: Maisentwicklung nach der EC-Skala

Phase	Aufgang / Blattentw.	Schossen/ Längenw.	Rispensch.	Blüte	Kornbildung	Milchreife	Teigreife	Vollreife
Dauer	15 - 35	12	10	10	15	15	15	15
Tage	50	62	72	82	97	112	127	142
EC	9-19 20-29	30-39 40-50	51-59	61-69	71-74	75-80	83-85	89

Tabelle 7.1.2: Wintergetreideentwicklung nach der EC-Skala

Phase	Aufgang / Blattentw.	Schossen / Längenw.	Rispensch.	Blüte	Kornbildung	Milchreife	Teigreife	Vollreife
Dauer	Okt - Nov	April	Mai		Juni		Juli	
Tage	45	30	31		30		31	
EC	09-29	30-39	40-59	60-69	70-72	73-77	80-85	89

Ein idealisierter Aufwuchs des Getreides oder vom Mais hat auch eine entsprechende idealisierte BFI – Entwicklungskurve, in der jede Entwicklungsstufe einem ungefähren Blattflächenindex zugeordnet werden kann.
Die verwendeten Kurven von typischen BFI – Verläufen sind aus der Literatur, also den Messungen anderer Autoren entnommen worden (siehe oben).
Da die zeitliche Auflösung der verwendeten Klimadaten auf dem Niveau von Einzelmonaten liegt, wurde auch die BFI – Entwicklung diesem Niveau angepasst. Hierbei kommt es, wie bei allen gemittelten Werten, selbstverständlich zu einem gewissen Genauigkeitsverlust, der sich aber im Rahmen dieser Arbeit und mit den zur Verfügung stehenden Daten nicht vermeiden lässt.

Sind nun also die monatlichen BFI – Werte ermittelt, muss jedem Monat ein gemittelter Strahlungswert (PAR in MJ * m^{-2}) zugeordnet werden. Als Mittelwert für diese Strahlung wird das jeweilige Monatsmittel der PAR des Gesamtgebietes verwendet.

Ausgehend von der monatlich zur Verfügung stehenden PAR kann nun die jeweilige CGR (siehe oben) für die Einzelmonate abgeleitet werden.

Hierbei wird davon ausgegangen, dass die 3 Gramm bzw. 3,3 Gramm produzierter Trockenmasse pro absorbiertem Megajoule an photosynthetisch aktiver Strahlung Mittelwerte sind und sich im Verlauf der Pflanzenentwicklung verändern. Dieses Verhalten ist unter anderem von Wang (2001, 61) für Silomaissorten beschrieben worden.

Hoffmann et al. (1982, 648) haben für Winterweizen eine Lichtausnutzungskurve festgestellt, die von April bis Juni stetig steigt, im Juni ihren Höhepunkt hat und dann bis Ende Juli wieder stark abfällt.

Die monatliche Wachstumsrate des Bestandes, also die CGR, wurde im Modell außerdem dadurch modifiziert, dass das jeweilige Monatsmittel des BFI – Wertes den Biomassezuwachs abschwächt oder verstärkt.

Diese beiden Faktoren zusammen bewirken eine Wachstumsmodulation die weitestgehend den natürlichen Verhältnissen entspricht, da der Wachstumsverlauf des Bestandes mit zunehmendem BFI sich nicht durch eine lineare, sondern durch eine logarithmische Wachstumsfunktion am besten darstellen lässt (vgl. Abb. 7.1.6 und 7.1.7).

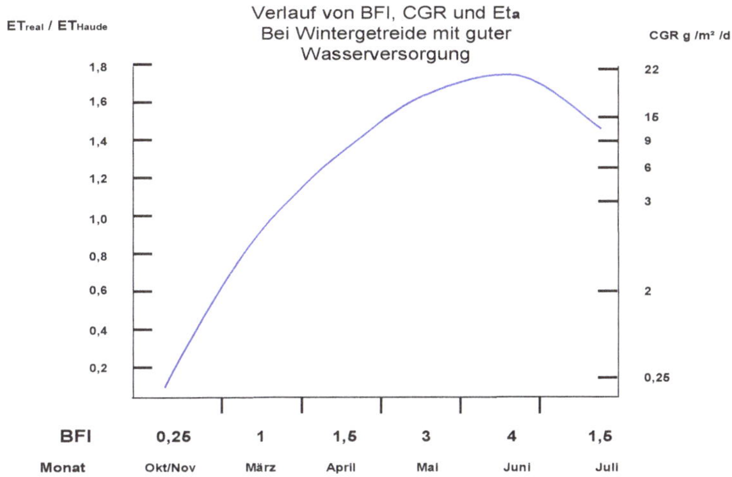

Abb. 7.1.6: Auf der Abbildung links ist der Verlauf der Wachstumskurve eines Wintergetreides bei guter Wasserversorgung aufgezeichnet. Auf der Abszisse ist die BFI-Entwicklung abgetragen und auf der linken und der rechten Ordinate jeweils die, von der Bestandesentwicklung abhängende reale Verdunstungsrate sowie die Bestandeswachstumsrate in Gramm pro Tag, die CGR. Quelle: Eigene Grafik

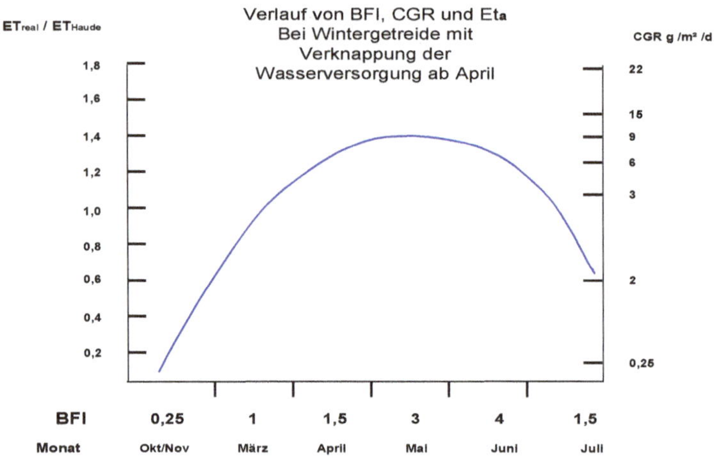

Abb. 7.1.7: Auf der Abbildung links ist der Verlauf der Wachstumskurve eines Wintergetreides bei einsetzendem Wassermangel ab April aufgezeichnet. Auf der Abszisse ist die BFI-Entwicklung abgetragen und auf der linken und der rechten Ordinate jeweils die, von der Bestandesentwicklung abhängende reale Verdunstungsrate sowie die Bestandeswachstumsrate in Gramm pro Tag, die CGR. Durch den Wassermangel sinken sowohl die CGR als auch die ET.
Quelle: Eigene Grafik

Eine von der EPA (environmental protection agency) verwendete und von Burman und Pochop (1994, 158) in ihrem Buch vorgeschlagene einfache Formel, die die Transpiration in Relation zum BFI setzt, entspricht in etwa der Herangehensweise in der hier vorgestellten Modellierungsmethode.

Formel zur Berechnung von T: $T = \frac{E0 * BFI}{BFImax}$

Mit Eo = ETpot

In der hier vorgestellten Methode wird die monatliche Blattfläche in Beziehung zur maximalen Blattfläche gesetzt und der Quotient aus dieser Gleichung bestimmt wiederum die Bestandeswachstumsrate und somit die aktuelle Transpiration.

Gegenläufig zur Wachstumsrate des Bestandes lässt sich der Verlauf der Wassermenge beschreiben, die benötigt wird, um ein Gramm Trockenmasse zu produzieren.

Die Wasserintensität der pflanzlichen Produktion nimmt also mit zunehmender Annäherung an den BFImax ab und steigt dann wieder leicht an (siehe oben). Insgesamt nimmt der Wasserverbrauch des Bestandes durch das Anwachsen der Gesamtoberfläche der grünen Pflanzenteile im Fortschreiten der Vegetationsperiode jedoch zu.

Um den Wasserbedarf des Bestandes zu modellieren wurde auf die unter Punkt 5.2 beschriebenen pflanzenspezifischen Verdunstungskoeffizienten (DVWK-Merkblätter (1984 / 205, 3) aus den bereits erwähnten Gründen zurückgegriffen.

Anhand einer Tabelle (vgl. Tab. 7.1.3 und 7.1.4) kann man unter Zuhilfenahme der mittleren monatlichen Verdunstungsmenge nach Haude (ETPHaude) über die in den Verdunstungswerten enthaltene Dampfdruckkomponente, also dem mittleren gemessenen Dampfdrucksättigungsdefizit um 14:00 Uhr (ewt14 – et14), die reale kulturartspezifische monatliche Verdunstung ermitteln.

Tab. 7.1.3: Umrechnungstabelle zur Ermittlung des Verdunstungsfaktors ETPHaude für Mais

	Faktor f (m)	ETPH (d)	ewt14 - et14	Faktor f (ß)	ETPreal (d)	ETPreal (m)	Faktor Haude
Juni	0,28	2,68	9,58	0,33	3,16	94,84	1,18
Juli	0,26	2,78	10,68	0,42	4,49	139,08	1,62
August	0,25	2,78	11,11	0,38	4,22	130,84	1,52
September	0,23	1,79	7,76	0,35	2,72	81,49	1,52
Oktober	0,22	1,05	4,77	0,15	0,72	22,19	0,68

Tab. 7.1.4: Umrechnungstabelle zur Ermittlung des Verdunstungsfaktors ETPHaude für Triticale

	Faktor f (m)	ETPH (d)	ewt14 - et14	Faktor f (ß)	ETPreal (d)	ETPreal (m)	Faktor Haude
Oktober	0,22	1,06	4,80	0,15	0,72	22,32	0,68
November	0,22	0,45	2,06	0,10	0,21	6,18	0,45
März	0,22	0,75	3,43	0,20	0,69	21,27	0,91
April	0,29	1,74	6,00	0,35	2,10	63,05	1,21
Mai	0,29	2,52	8,70	0,45	3,91	121,30	1,55
Juni	0,28	2,69	9,60	0,52	4,99	149,74	1,86
Juli	0,26	2,78	10,70	0,50	5,35	165,88	1,92

Erklärung zu den Spalten:

- Faktor (m) ist ein monatspezifischer Verdunstungsreferenzfaktor
- ETPH ist die mittlere tägliche Verdunstungsrate in mm
- ewt14 – et14 ist das mittlere Dampfdrucksättigungsdefizit der Luft um 14 Uhr
- Faktor (ß) ist ein kulturspezifischer Verdunstungsfaktor
- ETPreal (Tag / Monat) ist die reale, der Kultur angepasste Verdunstung
- Der Faktor Haude ist der Multiplikator für die Verdunstungswerte nach Haude

Die somit ermittelten monatlichen maximalen Verdunstungsmengen (maximal daher, da diese nur bei optimaler Wasserversorgung des Bestandes eintreten) können dann in die bereits angelegte Tabelle mit den BFI-, PAR- und CGR-Werten der Einzelmonate eingefügt werden.

Aus der monatlichen maximalen CGR und der maximal zur Verdunstung zur Verfügung stehenden Wassermenge kann dann die Wasserintensität der monatlichen pflanzlichen Produktion errechnet werden.

Wie schon weiter oben erläutert, macht es für die Betrachtung der Biomasseproduktivität in einem Gebiet, dessen Wasserhaushaltsgrößen weitestgehend bekannt sind wenig Sinn, zwischen Transpiration und Evapotranspiration zu unterscheiden. Diese beiden Größen werden daher bei den angeführten Berechnungen gemeinsam erfasst.

Tab. 7.1.5: Tabelle für idealisierten Wachstumsverlauf von Triticale

	Oktober	November	März	April	Mai	Juni	Juli
BFI	0,10	0,25	1,00	2,00	3,50	5,00	2,50
MJ PAR /m²	82,00	38,00	119,00	187,00	248,00	247,00	255,00
CGR g/m²/M	3,28	3,80	54,74	201,96	520,80	815,10	382,50
CGR g/m²/d	0,11	0,13	1,77	6,73	16,80	27,17	12,34
Liter / kg	6876,39	1659,09	394,26	314,33	235,53	185,26	436,55
Liter / m²	22,55	6,30	21,58	63,48	122,66	151,00	166,98
Faktor Haude	0,68	0,45	0,91	1,21	1,55	1,86	1,92

Bis Ende Juli **Liter ges.** 464,78 **TRS ges. in kg/m²** 1,79 **Liter / kg** 273,40

Tab. 7.1.6: Tabelle für idealisierten Wachstumsverlauf von Mais

	Juni	Juli	August	September	Oktober
BFI	0,75	3,50	5,00	4,00	2,00
MJ PAR /m²	247,00	255,00	217,50	141,00	82,00
CGR g/m²/M	111,15	660,45	870,00	417,36	108,24
CGR g/m²/d	3,71	21,30	28,06	13,91	3,49
Liter / kg	862,17	212,38	152,31	197,66	208,38
Liter / m²	95,83	140,26	132,51	82,49	22,55
Faktor Haude	1,18	1,62	1,52	1,52	0,68

Bis Ende Oktober **Liter ges.** 462,38 **TRS ges. in kg/m²** 2,11 **Liter / kg** 218,82

Wie man allerdings in Tabelle 7.1.5 und 7.1.6 sehen kann, ist die Wasserintensität der pflanzlichen Produktion (Liter pro kg) zu Beginn des Bestandeswachstums sehr hoch. Dies lässt auf den zu diesem Zeitpunkt noch überproportional hohen Anteil der unproduktiven Verdunstung, also der Bodenevaporation schließen. Die Bodenevaporation ist bei jungen Pflanzenbeständen sehr hoch und nimmt dann mit zunehmender Lichtinterzeption und dem Anwachsen des BFI – Wertes schnell ab (vgl. Punkt .5.2.1).

Ein weiterer Faktor, den es bei der Entwicklung einer realistischen Bestandeswachstumskurve zu berücksichtigen gilt, ist die im Verlauf der Vegetationsperiode abnehmende Feldkapazität des Bodens.

Je nach Bodenart stehen unterschiedlich hohe Wasservorräte aus dem Winterhalbjahr für die Pflanzen zur Verfügung (siehe oben).

Mit einsetzendem Verbrauch der Bodenwasservorräte, nämlich dann, wenn die Niederschlagsmengen die Evapotranspiration nicht mehr ausgleichen können, sinkt das Matrixpotential (Ψm) des Bodens ab und die Saugspannung steigt proportional dazu an.

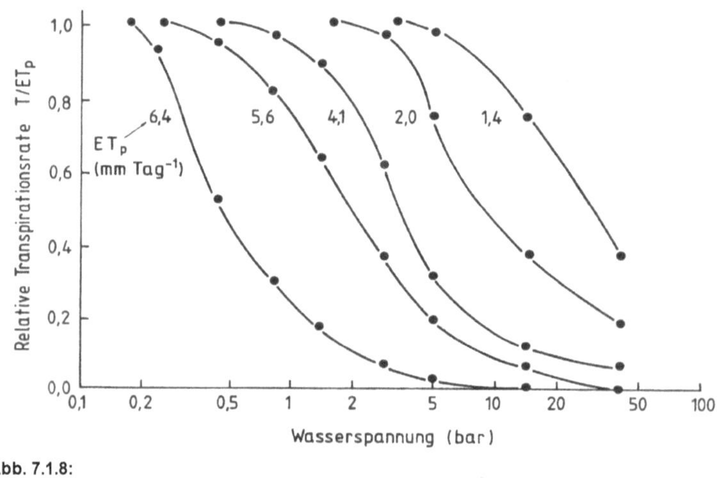

Abb. 7.1.8:

Abfallen der Transpirationsrate in Abhängigkeit von der Bodenwasserspannung. Je höher die ETp (mm), umso schneller fällt die relative Transpirationsrate bei steigender Bodenwasserspannung (sinkendem Matrix-potential) ab. Quelle: Ehlers, 1996

Je höher die potentielle Evapotranspirationsrate (für dieses Modell gewählt: ETPHaude) bei einem gegebenem Bodenwassergehalt ist, desto schneller sinkt der Transpirationsanteil der Pflanzen an der Gesamtverdunstung ab.

Das Abfallen der Transpirationsrate mit sinkendem Bodenwassergehalt und steigender potentieller Evapotranspiration ist von Denmead und Shaw empirisch ermittelt worden und lässt sich aus Abbildung 7.1.8 gut nachvollziehen.

Um diese Dynamik des Boden → Pflanze → Atmosphäre – Wassertransfers in das beschriebenen Biomasseentwicklungsmodell zu integrieren, wurde eine Tabelle erstellt, in der für verschiedene Bodenwassergehalte die zu erwartenden relativen Transpirationsraten für einzelne Monate vermerkt sind (vgl. Tabelle 7.1.7 und 7.1.8).

Tab. 7.1.7: ETP-Korrekturtabelle für Mais

Boden-wasser	75-100%	60-75%	50-60%	40-50%	20-40%
Juni	0,98	0,95	0,92	0,79	0,57
Juli	0,97	0,92	0,88	0,76	0,56
August	0,97	0,92	0,88	0,76	0,56
September	1,00	1,00	1,00	1,00	1,00
Oktober	1,00	1,00	1,00	1,00	1,00

Tab. 7.1.8: ETP-Korrekturtabelle für Triticale

Boden-wasser	75-100%	60-75%	50-60%	40-50%	20-40%
Okt / Nov	1,00	1,00	1,00	1,00	1,00
März	1,00	1,00	1,00	1,00	0,95
April	1,00	1,00	1,00	0,98	0,82
Mai	1,00	0,99	0,94	0,82	0,59
Juni	0,98	0,95	0,92	0,79	0,57
Juli	0,97	0,93	0,88	0,76	0,56

Bei der nachfolgenden Ermittlung der Wachstumsraten (CGR) auf den Flächen des Untersuchungsgebietes, können die Faktoren aus diesen Tabellen nun als potentielle Transpirationsbremse eingeschaltet werden und somit die Wachstumsrate des Bestandes realitätsgetreu mindern.

Auch der Extremfall, der eintreten würde, wenn der Bodenwassergehalt sich dem PWP (permanenter Welkepunkt) bei pF 4,2 bzw. -15 bar Saugspannung annähern würde, kann im Modell dargestellt werden.

Doch hierzu zunächst einmal ein paar Erläuterungen.

Die für Pflanzen noch relativ leicht zugängliche Wassermenge eines Bodens liegt, je nach Bodenart und Textur, etwa bei 60-65% der nFKwe.

Eine einfache Formel für die Berechnung diese Wertes wurde im Rahmen eines EU-Forschungsprojektes zur Beregnung und Stickstoffdüngung im Maisanbau (ITADA Abschlussbericht Projekt A1.3) verwendet.

Nach dieser Formel ist von der nFKWe für die Pflanzen leicht verfügbares Bodenwasser:

²/3 der nFKWe aus 0-60 cm Durchwurzelungstiefe
¹/2 der nFKWe aus 60-90 cm Durchwurzelungstiefe
¹/3 der nFKWe aus über 90 cm Durchwurzelungstiefe

Als kumulative Gesamtwassermenge, die für die Pflanzen noch leicht verfügbar ist, ergeben sich je nach Bodenart somit zwischen 60 und 65 Prozent.

Für unterschiedliche Bodenarten gilt folgende Abfolge: Tone > 65%, Lehme 65%, Sande < 65%

Wird nun die leicht verfügbare Wassermenge im Wurzelraum der Pflanzen unterschritten und die Pflanze kann trotz ihres osmotischen Potentials nicht die Wassermenge in ihre oberirdischen Teile nachliefern, die durch Transpiration verloren geht, dann schränkt sie ihre Transpiration durch Schließen der Spaltöffnungen ein.

In welchem Ausmaß dies geschieht, hängt von der Bodenwassermenge ab, die noch oberhalb des PWP, also oberhalb von -15 bar zur Verfügung steht.

Durch verschiedene Faktoren, wie dem Unterschied im Druckgefälle Pflanze – Atmosphäre sowie dem Diffusionsweg und der Größe der Moleküle, verliert die Pflanze bei voll geöffneten Spaltöffnungen wesentlich schneller H2O-Moleküle als CO2-Moleküle in das Blatt aufgenommen werden. Der günstigste Kompromiss wird für die Pflanze bei mäßig verengten Spalten erreicht (Larcher 2001, 125).

Werden die Spaltöffnungen zur Einschränkung des transpirationsbedingten Wasserverlustes weiter verengt, führt dies zu einem steilen Abfall der Transpirationsrate und zu einer starken Einschränkung der Photosynthese (Vgl. Abb. 4. 4.1).

Je nach Bodenart und dessen Wasserhaltevermögen schwankt der Punkt, an dem die Photosyntheseleistung ungefähr 50% beträgt, in einem ähnlichen Bereich wie für die leicht pflanzenverfügbare Wassermenge und liegt je nach Bodenart bei 15 bis 18% des Bodenwassergehaltes (eigene Berechnungen).

Abgeleitet aus der Beziehung zwischen Pflanzenwasserverfügbarkeit im Boden und der darauf angepassten Photosyntheserate, kann im Modell der Fall eines Wassermangels simuliert werden.

Für die monatliche Anpassung der Bodenwasservorräte im Ablauf des Modells wurde in Anlehnung an den im DVWK – Merkblatt (205, 1984) dargestellten Verlauf des pflanzenverfügbaren Bodenwassers (Wp) während der Vegetationsperiode eine schrittweise Entleerung der Bodenwasservorräte gewählt (vgl. Abb.7.1.9).

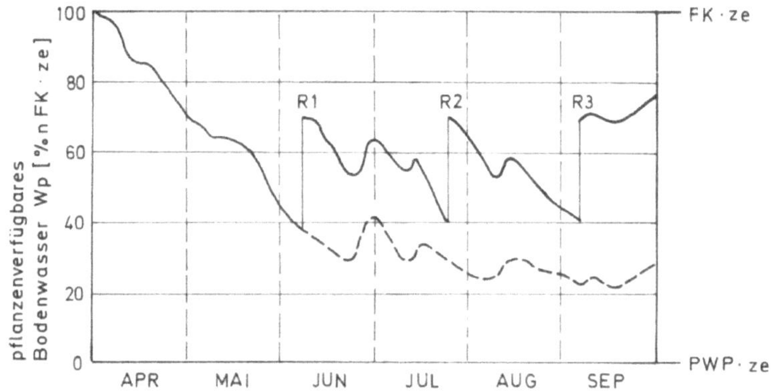

Abb. 7.1.9: Abnahme des pflanzenverfügbaren Bodenwassers im Verlauf der Vegetationsperiode. Quelle: DVWK-Merkblätter, 1996

Selbstverständlich hängt die Entleerung der Bodenwasservorräte unter anderem auch von den Niederschlagsmengen der jeweiligen Monate ab und variiert von Jahr zu Jahr.

Schulze-Gemen und Becker (Zitiert in Klapp, 1967, 117) konnten für einen Parabraunerdestandort des Dikopshofes eine Bodenwasservoratskurve feststellen, die in drei Jahren einen sehr ähnlichen Verlauf hatte aber in einem regenreichen Sommer erheblich von den anderen drei Kurven abwich.

Als dritte Größe im Wasserhaushalt der Einzelflächen war es notwendig, die Böden zu lokalisieren und gesondert zu behandeln, auf denen potentielle kapillare Wasserströme aus dem Grundwasser in den Wurzelbereich der Pflanzen gelangen können.

Bei Grundwasserständen von weniger als 1,5 bis 2 m unter der Geländeoberfläche kann die Wassernachlieferung in den Wurzelbereich der Pflanzen so

groß sein, dass diese ihren gesamten Wasserbedarf während der Vegetationsperiode aus dieser Quelle decken können.
Für die Ermittlung der Flächen im Untersuchungsgebiet, in denen pflanzenverfügbares Grundwasser (also Grundwasser im Bereich von maximal 2 m unter der Geländeoberfläche) ansteht, wurde ein Shape-File mit dazugehöriger Datentabelle verwendet.
Die Vektorgeometrie des Shape-Files umreist grob alle kleineren und größeren Fließgewässer des Landkreisgebietes. In der dazugehörigen Datentabelle werden den Polygonen angaben zum Bodentyp sowie der mittlere Grundwasserhoch- und Niedrigstand zugeordnet.
Für die Integration dieser Flächen in den bereits generierten Shape-File mit den Klima- und Bodendaten wurden die Flächen im Programm Arc-Info verschnitten.
Für die Ermittlung der kapillaren Aufstiegsraten aus dem Grundwasser nach Bodenart und Kornfraktionen wurde die entsprechende Tabelle aus der Bodenkundlichen Kartieranleitung (1994) verwendet.

7.2 Vorgehensweise bei der eigentlichen Datenanalyse

Die für die Analyse zusammengestellten Daten in der Datentabelle des Landkreises enthalten folgende Informationen:

- Nutzbare Feldkapazität des effektiven Wurzelraumes
- Monatliches Niederschlagsmittel
- Monatliches Verdunstungsmittel (nach Haude)
- Monatlicher mittlerer Strahlungsempfang (umgerechnet in MJ pro m^2)
- Durchschnittliche monatliche kapillare Aufstiegsraten für Grundwasserböden
- Ackerzahl und Bodenzahl sowie Bodenart (diese drei stehen nur für Zusatzinformationen zur Verfügung und fließen nicht mit in die Analyse mit ein)

Da die gesamte Anzahl der Untersuchungsflächen mit über 35.000 Einzelflächen und deren angehängten Daten bei der Verarbeitung in der Excel-

Tabelle etwas schwerfällig gewesen wäre, wurde das Untersuchungsgebiet in fünf kleinere Räume unterteilt.
Von West nach Ost gehend ergaben sich, grob an der Morphologie der Landschaft ausgerichtet, das Gebiet Weser-Leine, das Gebiet des Leinetalgrabens das Gebiet Leinetal-Ost sowie das Gebiet Hahletal.
Zusätzlich wurden von jedem Gebiet die Flächen ausgesondert, auf denen mit kapillarem Aufstieg aus dem Grundwasser gerechnet werden kann.
Diese Flächen werden gesondert betrachtet, da im Modell für diese Flächen eine Zweikulturnutzung mit Wintertriticale und Silomais überprüft werden soll.
Bei den vorangegangenen Probeuntersuchungen zu den Ertragsleistungen der Flächen hatte sich gezeigt, dass die verfügbare Wassermenge in der Vegetationsperiode zu gering war, um eine Zweikulturnutzung lohnenswert zu machen. Im Modell hatte häufig die erste Kultur, also Triticale, die Bodenwasservorräte im April und im Mai, also in der Hauptwachstumsphase, schon teilweise entleert. Für den Aufwuchs der zweiten Kultur, dem Mais, wurden aber wieder größere Wassermengen benötigt, die dann allein durch die Niederschläge nicht mehr zur Verfügung standen.
Als Folge dieses Wassermangels lagen die Gesamterträge beider Kulturen in allen Fällen unter der angestrebten Trockenmasseertragsmenge von 25 Tonnen pro Hektar. Diese Menge ist aber nach einer mündlichen Mitteilung von Dr. Karpenstein-Machan (Universität Göttingen) notwendig, um die Mehrkosten einer Doppelaussaat und einer Doppelernte zu rechtfertigen.
Nach entsprechender Verschneidung bzw. Trennung der Flächen im GIS lagen nun also Fünf verschiedene Shape-Files vor, deren Daten nach der entwickelten Methode abgefragt werden konnten.
Für die beiden Kulturen Mais und Triticale wurden jeweils noch identische Exemplare dieser Dateien angelegt, um für jede Fläche die kulturartspezifischen Erträge ermitteln zu können.
Die Datei mit den Grundwasserböden wurde aus den oben genannten Gründen gesondert betrachtet und vor der Bearbeitung noch mal im GIS in Flächen erster und zweiter Klasse aufgeteilt. In die erste Klasse kamen Flächen, die entweder einen hohen mittleren Grundwasserniedrigstand (also mit einer ausreichenden Grundwasserversorgung in den Sommermonaten) oder eine hohe nutzbarer Feldkapazität aufwiesen. Im Falle einer hohen nFKWe kann

ein Ausfall der Wasserversorgung aus dem Grundwasser in den Sommermonaten durch die Bodenwasservorräte ausgeglichen werden.

In die zweite Klasse kamen Flächen mit einer nutzbaren Feldkapazität von unter 200 mm sowie einer reduzierten Wasserversorgung aus dem Grundwasserkörper in den Sommermonaten. Bei der eigentlichen Analyse wurden im ersten Schritt die Dateninhalte der Tabellen auf die entsprechenden Kulturen angepasst, so dass nur die für die Kultur relevanten Zeiträume in die Analyse einflossen.

Für jeden Monat wurden dann zusätzliche, im Folgenden erläuterte, Datenspalten für

die Analyse angelegt.

Wie aus Tabelle 7.2.1 ersichtlich, wurde bei der Analyse im ersten Schritt die monatlich empfangene Globalstrahlung, die in der Einheit Joule $*cm^{-2}$ $*h^{-1}$ vorlag, in PAR-Einheiten in MJ * m^{-2} pro Monat umgerechnet.

Für die Fraktion der Globalstrahlung, die photosynthetisch verwertbar ist,

wird ein Anteil von 47% angenommen.

Tab. 7.2.1: Berechnungsspalten für die Datenbearbeitung

CGR_MO	Wenn H2O_VER ≥ H2O_OPT dann CGR_MO = CGR_MAX * Faktor ETP ; Wenn H2O_VER < H2O_MAX dann CGR_MO = H2O_VER / ETK * 1000 * Faktor ETP	CGR_MO
NF_AV	= Durchschnittliche NFKWE des Monats	NF_AV
NF_REM_%	= Prozent der Gesamt-NFKWE	NF_REM_%
NF_REM	= NFKWE minus X-Prozent	NF_REM
H2O_DIF	= H2O_VER minus H2O_OPT	H2O_DIF
H2O_VER	= (KAP) + N + NFKWE * 20%	H2O_VER
H2O_OPT	= CGR_MAX / 1000 * ETKmo	H2O_OPT
CGR_MAX	= PAR * RUE * LAI / LAImax	CGR_MAX
PAR	= R / 100 * 30 * 0,47	PAR

In der Literatur wird der PAR -Anteil der Globalstrahlung mit einer Schwankungsbreite (in Abhängigkeit von geographischer Breite und Jahreszeit) von

45-50% angegeben. Hoffmann et al. (1982, 647) geben für das Gebiet der ehemaligen DDR einen Mittelwert von 47,5 % an.

In der zweiten Spalte wird

nun die PAR aus Spalte eins mit den Werten aus den für die Kulturarten und Wachstumsverläufe angelegten Tabellen (den Schablonen) multipliziert. In diesem Schritt werden die aktuelle monatliche Photosyntheserate (RUE in Gramm pro MJ) und der aktuelle monatliche Blattflächenindex (LAI / LAImax) berücksichtigt.

Das Ergebnis ist dann die CGR_MAX, also die maximale Wachstumsrate bei gegebener Strahlung.

Die CGR wird in der dritten Spalte zur Wasserverbrauchsintensität (ETK) des jeweiligen Monats in Beziehung gesetzt, welche auch aus der Schablonentabelle für die jeweilige Kultur entnommen wird.

Der Quotient aus beiden stellt die optimale Wasserverbrauchsmenge dar (H2O_OPT), also die Menge, die bei unbegrenzter Wasserverfügbarkeit evapotranspiriert werden würde.

In der vierten Spalte wird nun die auf der Fläche zur Verfügung stehende jeweilige Wassermenge des betreffenden Monats aufaddiert.

Sie ergibt sich aus dem Monatsniederschlag, der Wassermenge, die aus kapillarem Aufstieg zur Verfügung steht (nur wenn es sich um einen grundwasserbeeinflussten Boden handelt) sowie einem Prozentsatz der nFKWe.

Dieser Prozentsatz beträgt im Modell für jeden Monat 20%. Das heißt, dass die nFKWe schrittweise aufgebraucht wird, um das Modell realitätsgetreu zu gestalten (siehe oben). Ausnahme bilden hierbei nur die Grundwasserböden, denen in manchen Monaten nur geringe Wassermengen für das Erreichen der CGR_MAX fehlen. In diesen Fällen werden die entsprechenden Litermengen und nicht die monatlichen 20% aus der nFKWe entnommen.

In der fünften Spalte wird das Ergebnis von Spalte drei, also die optimale berechnete Wassermenge (H2O_OPT) dann von der verfügbaren Wassermenge (H2O_VER) aus Spalte vier subtrahiert (H2O_DIF).

Wenn sich hier eine positive Bilanz ergibt, dann ist die CGR_MAX des jeweiligen Monats erreicht und das überschüssige Wasser aus den 20% wird wieder zur nFKWe dazu addiert. Ergibt sich eine negative Bilanz, so wird die CGR_MAX des Monats nicht erreicht.

Die sechste Spalte steht für die Berechnung der verbleibenden nFKWe der Fläche, der NF_REM, zur Verfügung. Wurde kein Wasser entnommen, wird der Wert des Vormonats beibehalten. Wurde Wasser entnommen, so werden die entsprechenden Liter hier abgezogen.

In der siebten Spalte wird der verbleibende Prozentsatz der Gesamt – nFKWe berechnet (NF_REM_%).

In der achten Spalte wird aus dem Prozentsatz der nFKWe des Monatsanfangs und dem Prozentsatz der nFKWe des Monatsendes die durchschnittliche nFKWe des Monats berechnet (NF_AV). Dies ist insofern wichtig, da je nach Entleerungsgrad der Bodenwasservorräte der bereits erwähnte Faktor eingeschaltet werden muss, der die Einschränkung der Transpiration bei stärker gebundenem Bodenwasser simuliert. (siehe oben)

In der neunten Spalte wird dann die zu erwartende CGR des jeweiligen Monats, die CGR_MO berechnet. Wenn sich in Spalte fünf eine negative Bilanz ergeben hat, dann errechnet sich die CGR_MO aus der verfügbaren Wassermenge (H2O_VER) dividiert durch die Wasserverbrauchsintensität und multipliziert mit dem Faktor der ETP, der aus den Tabellen 7.1.7 und 7.1.8 abgelesen werden kann und sich auf die durchschnittliche noch Verfügbare Bodenwassermenge des Monats bezieht.

Wenn sich in Spalte fünf eine positive Bilanz ergeben hat, dann errechnet sich die CGR aus der durch die Strahlung ermöglichte maximale CGR aus der Spalte zwei, wiederum multipliziert mit dem jeweiligen Faktor der ETP aus den Tabellen 7.1.7 und 7.1.8.

Sollte die nFKWe in einem Monat unter den kritischen Wert von etwa 20% absinken, so wird anstatt dem Faktor ETP eine CGR-Reduktion von 50% eingeschaltet (Begründung hierfür siehe oben).

Eine leichte Modifikation der PAR-Berechnung findet im Falle des Monats Juli für das Wintergetreide Anwendung. Da von einem Erntetermin in der Mitte des Monats ausgegangen wird, berechnet sich die PAR als: R / 100 * 15 * 0,47.

Ähnliches gilt für die PAR im Oktober beim Mais. Hier wird zusätzlich der Tatsache Rechnung getragen, dass der Mais nach der Hälfte des Monats geerntet wird und die erste Oktoberhälfte eine um 25% höhere Strahlung aufweist.

Die Berechnung der PAR in Spalte zwei gestaltet sich daher folgendermaßen: R / 100 * 1,25 * 15 * 0,47.
Sind die CGR_MO – Werte aller Monate berechnet, werden diese in der Spalte CGR_GES (gesamt) aufaddiert und zur jeweiligen Fläche in Hektar in Beziehung gesetzt.
Für den gesamten Untersuchungsraum können nun statistische Aussagen über dessen Erträge gemacht werden.
Um präzisere Ertragsaussagen über einzelne Gemeindegebiete im Landkreis machen zu können, wurde zusätzlich eine Rasterdatei mit den Gemeindegrenzen des Landkreises eingescannt und in das GIS importiert. Die georeferenzierte Rasterdatei wurde dann abdigitalisiert und die auf diese Weise entstandenen Flächenpolygone als *Clip-Dateien* für die Heraustrennung einzelner Gemeinden (mit deren Ertragsergebnissen) aus der Gesamtfläche verwendet.
In den Tabellen 7.2.2 bis 7.2.11 (Anhang) sind die in die Berechnung eingeflossenen Einzelwerte für die jeweiligen Berechnungsmonate ersichtlich.
Für Triticale werden für den Anbau als alleiniger Hauptkultur und den Anbau in der Zweikulturnutzung die gleichen Werte verwendet.
Für den Mais ergeben sich in der Zweikulturnutzung aufgrund einer späteren Aussaat, nach der Ernte der Triticale um den 1. Juni, leicht andere Werte. Da die Luft- und Bodentemperaturen sowie die Strahlung schon höher liegen als im Mai, hat der Mais ein beschleunigtes Wachstum. Dies spiegelt sich in der schnelleren BFI - Entwicklung und den leicht höheren RUE – Werten wieder. Der BFImax wird erst im September erreicht.
Die RUE - Werte aus den Schablonen, die nicht einsehbar sind, sich aber hinter den Algorithmen verbergen, sind in Tabelle 7.2.16 (Anhang) ersichtlich.
In den Tabellen 7.2.12 bis 7.2.15 (Anhang) sind noch einmal die ETK – Werte der Kulturen und Monate sowie die BFI – Werte zusammengefasst.

7.3 Überprüfung der Untersuchungsmethode

Für die Überprüfung der Genauigkeit der Untersuchungsmethode standen einerseits großflächig zusammengefasste Erntedaten aus Erntestatistiken des Nieder-sächsischen Landesamtes für Statistik (2006) zur Verfügung und andererseits flächenspezifisch erhobene Erntedaten aus der Gemarkung Jühnde.

Beide Datensätze haben jeweils ihre Vor- und ihre Nachteile und ergänzen sich bis zu einem gewissem Maße.

Die Erntedaten des Landesamtes für Statistik sind, wie schon gesagt, über ganze Landkreise zusammengefasst und geben keine standortspezifischen Unterschiede wieder.

Der einzige Vorteil, den diese Daten gegenüber denen aus Jühnde haben ist der, dass sie über mehrere Jahre, von 2001 – 2006, vorliegen.

So geben diese Daten einen gewissen Anhaltspunkt, was im Mittel mehrerer Jahre an Erträgen für die Kulturen Mais und Triticale im Landkreis Göttingen erwartet werden kann.

Die Daten aus Jühnde, die flächengenau erhoben worden sind, liegen nur aus einem Jahr (2006) vor. Sie eignen sich aber zum direkten Vergleich mit den im hier vorgestellten Modell berechneten Erträgen.

Zu diesem Zweck wurden die Flächen mit den Erntedaten aus Jühnde mit den Flächen, die im Modell mit in der Berechnung waren, im GIS verschnitten.

7.4 Diskussion der Ergebnisse aus der Überprüfung

Bei der direkten Gegenüberstellung der berechneten Ergebnisse und den tatsächlichen, im Jahr 2006 in Jühnde eingebrachten Erntemengen, ergaben sich die im folgenden Teil erläuterten Ergebnisse.

Für beide Kulturarten, sowohl Triticale als auch Mais, ergaben sich Berechnungsergebnisse, die den tatsächlichen Ernteerträgen sehr nahe kommen.

In den Vergleich mit eingeflossen waren im Fall von Triticale insgesamt 86 Flächen. Die Ackerzahlen waren von 30 bis 68 gestreut und die durchschnittliche Bodengüte der Flächen lag bei AZ 46.

In den Vergleich der Maiserträge sind insgesamt 97 Flächen mit eingeflossen, die Ackerzahlen waren von 6 bis 75 gestreut und die durchschnittliche Bodengüte lag bei AZ 45.

Im Fall beider Kulturen gab es Flächen, deren reale Ernteergebnisse stark von den berechneten abwichen. Beim Mais waren es sechs Flächen und bei Triticale zehn.

Aufgrund der hohen Ackerzahlen und nFKWe – Werte dieser Maisflächen lag es nahe, den Schluss zu ziehen, dass es sich nicht um Erträge handelte, die für die jeweiligen Standorte repräsentativ waren. Neben sub-optimaler Bestellung der Flächen, könnte z.B. Schädlingsbefall oder Wildschaden hierfür in Frage kommen.

Im Fall der zehn Triticaleflächen war die Bodengüte nicht ganz so hoch aber dennoch nicht niedrig genug, um derart geringe Erträge zu rechtfertigen. Die zehn Böden haben alle Ackerzahlen über 34, mit einer AZ von 48 als bestem Boden.

Wie bereits unter Punkt 3.2 erläutert, stellen Böden mit AZ 30 – 60 einen prinzipiell guten Triticalestandort dar.

Bei der Gegenüberstellung aller Flächen ergab sich eine gemittelte Abweichung der berechneten Hektarerträge, die für den Mais bei +25% und für Triticale bei +21% lag.

Beim direkten Vergleich der Flächen, deren Ernteerträge als realistisch einzustufen waren, ergaben sich für den Mais und die Triticale mittlere Hektarertragsabweichungen von +20% bzw. +11%.

Es ergab sich jetzt die Frage, inwieweit die Ernteergebnisse von 2006 repräsentativ für das Gebiet und einen längeren Zeitraum waren.

Die zweite Frage beantwortet sich ja quasi schon von selbst. Ein Einzeljahr sollte nicht repräsentativ für den langjährigen Durchschnitt herangezogen werden.

Da es sich bei den berechneten Erträgen aber um Werte handelt, die aus langjährigen klimatischen Mittelwerten entstanden sind, ergibt sich hier schon mal ein Problem.

Für eine zusätzliche Überprüfung der Ergebnisse wurden nun noch die im Zeitraum von 2001 bis 2006 gemittelten Ernteergebnisse des Landkreises für die beiden Kulturen herangezogen.

Die Erntedaten 2001-2006 des Landkreises Göttingen (Statistischen Landesamt Hannover, 2006) sind, was die räumliche Auflösung betrifft, das genaueste, das bei den Erfassungsmethoden der Statistischen Landesämter möglich ist.

Um die Erntedaten des Landkreises den Verhältnissen in Jühnde anzupassen, wurde das gemittelte Ernteergebnis 2001-2006 mit dem Faktor multipli-

ziert, der sich aus dem Quotient der Ertragsmesszahlen von Jühnde und vom Landkreis ergibt.
Die Ertragsmesszahl, die auf Gemeindeebene vom Statistischen Landesamt erhältlich ist, lässt einen direkten Vergleich verschiedener Gebiete hinsichtlich ihres landwirtschaftlichen Ertragspotentials (gemittelter Wert aller Getreidearten) zu.
Die Ertragsmesszahl für den Landkreis Göttingen liegt bei 57,19 dt/ha (Kornertrag), die der Gemeinde Jühnde bei 48,91 dt/ha (Kornertrag).
Die Ertragsmesszahl von Jühnde liegt also um etwa 14% unter der des Landkreises.
Wenn man jetzt die Durchschnittserträge des Landkreises aus den Jahren 2001-2006 mit dem Faktor multipliziert, der sich aus dem Quotienten der beiden Ertragsmesszahlen ergibt, dann müsste man theoretisch zu repräsentativen Durchschnittserträgen für das Gebiet Jühnde kommen.
Für den Mais ergibt sich auf diese Weise ein Durchschnittsertrag von 13,9 t/ha und für Triticale von 13,76 t/ha.
Vergleicht man nun diese beiden Zahlen mit den berechneten Erträgen, so lässt sich feststellen, dass sie sich weiter angenähert haben.
Bei einem berechneten Durchschnittsertrag von 15,4 t/ha für Mais und 13,72 t/ha für Triticale, liegt die Abweichung beim Mais jetzt nur noch bei +11% und für Triticale bei +0,3%.
Für die Berechnung der Trockenmasseerträge beim Mais (die Zahlen aus Hannover liegen als Grünmassegewicht vor) entsteht durch nicht bekannte Trockensubstanzgehalte des Erntegutes ein zusätzlicher Unsicherheitsfaktor.
Als weiteren Indikator für die annähernde Richtigkeit der berechneten Erträge, kann eine Korrelationsanalyse der beteiligten Variablen nFKwe, Ackerzahl und Ertrag herangezogen werden.
Aus Untersuchungen zur Abhängigkeit der Triticaleerträge von der Bodengüte, konnten Karpenstein– Machan et al. (1994, 30) eine hohe Korrelation feststellen (vgl. Abb. 7.4.1).
Eine sehr ähnliche Korrelation zwischen Ertrag und Bodengüte ergab sich bei der Betrachtung der eigenen berechneten Erträge und den dazugehörigen Ackerzahlen.

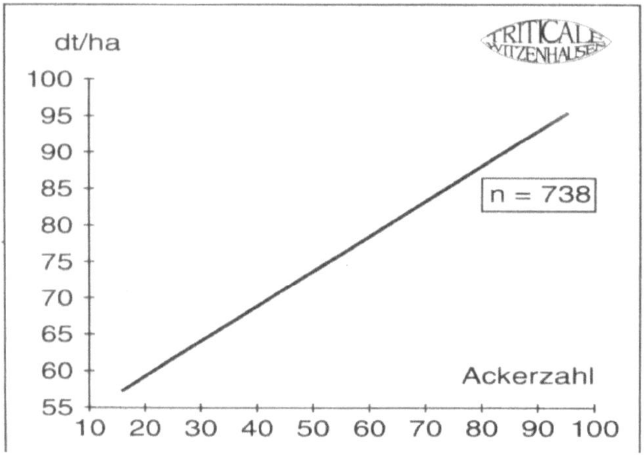

Abb. 7.4.1: Korrelation von Triticaleertrag und Ackerzahl.
Quelle: Karpenstein-Machan, 1994

Dies ist allerdings nicht weiter verwunderlich, denn bei der Ertragsberechnung spielt die verfügbare Wassermenge eine große Rolle.

Da in der Regel bei Böden auch die nFKWe und die Ackerzahl eine hohe Korrelation aufweisen wird deutlich, dass alle drei Faktoren, der Ertrag, die Ackerzahl und die nFKWe, positiv voneinander abhängen.

Für Mais gelten ähnliche Verhältnisse wie für Triticale und auch dieser profitiert von guten Böden mit hohen verfügbaren Bodenwassermengen.

Wie bereits unter Punkt 5.3.1 angesprochen, konnte Munsel (1992) mittels Lysimeterversuchen eine direkte Abhängigkeit des Ertrages von Silomaisbeständen und der Evapotranspiration nachweisen.

Auch für die in diesem Ertragsmodell dargestellten Erträge konnte diese Abhängigkeit festgestellt werden, da die Höhe des Maisertrages direkt von der nFKWe und der zur Verdunstung zur Verfügung stehenden Wassermenge abhängt. Der Korrelationskoeffizient für Mais liegt mit einem Wert von 0,967 sehr hoch und zeigt eine deutliche Abhängigkeit zwischen der nFKWe und dem Ertrag. In Tabelle 7.4.1 sind die entsprechenden Korrelationskoeffizienten der berechneten Erträge, den nFKWe - Werten und den Ackerzahlen für Triticale dargestellt.

In den Abbildungen 7.4.1 bis 7.4.2 sind die entsprechenden Punktwolken und die Anpassungslinien für die Korrelationen Ackerzahl mit Ertrag für Mais und Triticale dargestellt.

Tab. 7.4.1: Korrelationsanalyse Triticaleerträge mit Ackerzahl und nFKwe

		Berechneter Ertrag	Ackerzahl	NFKWE
Berechneter Ertrag	Korrelation nach Pearson	1	0,759(**)	0,955(**)
	N	86	86	86
Ackerzahl	Korrelation nach Pearson	0,759(**)	1	0,826(**)
	N	86	86	86
NFKWE	Korrelation nach Pearson	0,955(**)	0,826(**)	1
	N	86	86	86

** Die Korrelation ist auf dem Niveau von 0,01 (2-seitig) signifikant.

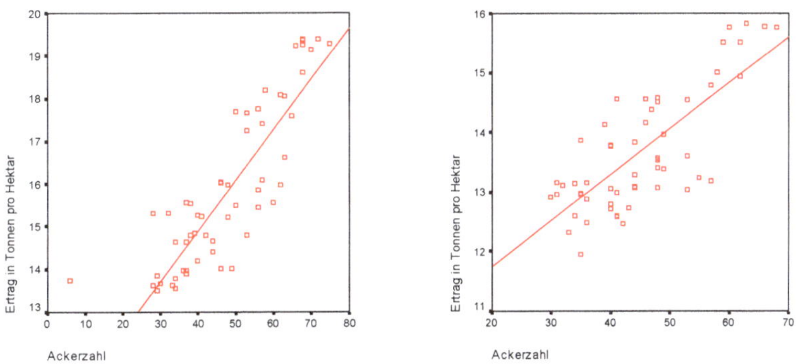

Abb. 7.4.2 und 7.4.3: Korrelation AZ mit Ertrag für Mais und für Triticale

8. Die Schablonen der Ertragsberechnungen

Auf der Grundlage der im vorangegangenen Teil der Arbeit vorgestellten Berechnungsmethode wurden nun für die vier Teilgebiete des Landkreises Göttingen (Hahletal, Leinetal-Ost, Leinetalgraben, Weser-Leine) sowie für die Agrarflächen, auf denen die Pflanzen eine zusätzliche Wasserversorgung aus dem Grundwasser in Anspruch nehmen können, Ertragspotentialberechnungen vorgenommen.

Für die vier Teilgebiete wurde jeweils eine Ertragspotentialberechnung für die beiden Kulturen Triticale und Mais durchgeführt, für die Grundwasserstandorte eine Ertragspotentialberechnung für die Zweikulturnutzung mit Wintertriticale, gefolgt von Silomais im selben Anbaujahr.

Mit dem Gedanken im Blickfeld, dass Jühnde sowie Krebeck, Landolfshausen und Wollbrandshausen bestehende, beziehungsweise in Planung befindliche Bioenergiedörfer im Landkreis Göttingen sind, wurde für diese Gemeindegebiete im Anschluss noch eine Teilgebietserfassung der jeweiligen Ertragspotentiale mit Hilfe des GIS durchgeführt.

8.1 Idealisierter Wachstumsverlauf aus den Schablonen

Für den hier beschriebenen Wachstumsverlauf und insbesondere den TS-Produktionsraten, die wiederum von der zur Transpiration zur Verfügung stehenden Wassermenge abhängen, werden ideale Bedingungen unterstellt.

In der Realität, und auch im hier vorgestellten Modell, wird oftmals der Wassermangel als Wachstumsbremse zum Ertragsbegrenzenden Faktor und die zur Verfügung stehende Globalstrahlung kann von den Pflanzen nicht voll ausgenutzt werden.

Natürlich existiert in der Realität sicherlich auch der Fall, dass z.B. in einem sehr niederschlagsreichen Sommer auf den meisten Standorten genügend Wasser für das Pflanzenwachstum zur Verfügung steht.

Allerdings gehen in Mitteleuropa niederschlagsreiche Sommer auch häufig mit einer verringerten Sonnenscheindauer einher und das mehr an Wasser kann dann auch wiederum nicht von den Pflanzen umgesetzt werden.

So haben sich im hier vorgestellten Modell die Standorte als überlegen gezeigt, an denen hohe Mengen an pflanzenverfügbarem Wasser im Boden zur Verfügung stehen.

Diese Aussage kann zumindest gemacht werden, wenn von einem durchschnittlichen klimatischen Jahr ausgegangen wird, wie es ja bei den hier verwendeten Klimadaten der Fall ist.

Auch in außergewöhnlich trockenen Sommern sind diese Standorte mit ziemlicher Sicherheit die Standorte, mit der höheren Ertragssicherheit.

In einem Sommer mit hohen Niederschlagsmengen und weniger Sonnenstunden, kann es natürlich auch auf diesen Standorten zu Ertragseinbußen kommen.

Zum Vergleich der im folgenden Text beschriebenen Wachstumsverläufe sind die Tabellen 7.2.2 bis 7.2.11 im Anhang einsehen.

8.1.1 Wintertriticale

Für die Ertragsberechnung der Wintertriticale wird von einem Aussaattermin Anfang Oktober ausgegangen. Im Oktober und im November sind die Pflanzen noch sehr klein, haben einen geringen BFI und kaum Biomassezuwachs (EC-Stadium 1-29).

Von Dezember bis Februar wird von einem quasi Wachstumsstop, der Winterruhe ausgegangen.

Es sei hier angemerkt, dass an milden Wintertagen durchaus eine Nettoassimilation in den jungen Pflanzen stattfinden kann, der Zuwachs jedoch so gering ist, dass er für die Ertragspotentialabschätzung einer gesamten Vegetationsperiode vernachlässigt werden kann.

Nach den Modellberechnungen ergab sich z.B. für Oktober und November ein Trockensubstanzzuwachs von etwa 3 bis 5 Gramm pro Quadratmeter und Monat.

In den noch kälteren und strahlungsärmeren Monaten Dezember bis Januar werden diese Werte mit ziemlicher Sicherheit noch unterschritten und können daher, ohne das Modell zu verfälschen, unberücksichtigt bleiben.

Die für die Berechnungen zugrunde gelegten Werte für die Gebietsverdunstung, die sich aus dem Mittel der ETPHaude und den daraus errechneten Verdunstungsfaktoren (Faktor Haude) ergeben, liegen für Oktober und November mit 0,68 und 0,45 erwartungsgemäß niedrig.

Die PAR liegt im Oktober für alle Gebiete bei einem Mittelwert von etwa 80 MJ * m^{-2}

Im November sinkt dieser Wert auf etwas über 40 MJ * m^{-2}.

Der Wasserverbrauch pro produziertem Gramm Trockensubstanz ist aufgrund der hohen unproduktiven Verdunstung sehr hoch und liegt bei über 6000 Litern pro Kilo TS im Oktober und bei über 1500 Litern pro Kilo TS im November.

Diese Werte erscheinen sehr hoch, sie werden jedoch relativiert, wenn man sie zur Gesamttrockenmasseproduktion in Beziehung setzt.

Nach der Winterruhe beginnt das Getreide mit steigenden Luft- und Bodentemperaturen sowie mit der zunehmenden Strahlung im März nun Biomasse aufzubauen.

Im Modell steigt der BFI-Wert für März auf eins an (EC-Stadium 30-34). Die durchschnittliche PAR liegt bei über 120 MJ * m^{-2} und der Verdunstungsfaktor, der Faktor Haude, beträgt 0,91. Im Durchschnitt werden in den vier Gebieten 385 Liter Wasser pro Kilogramm produzierter TS verdunstet. Die TS-Produktion ist von etwa fünf Gramm pro m² auf 55 Gramm angestiegen.

Im April nehmen die Strahlung und die Lufttemperatur rasch zu, was zur Folge hat, dass der Verdunstungsanspruch der Atmosphäre wächst.

Die RUE beträgt jetzt schon etwa 190 MJ * m^{-2} und die rasch zunehmende Strahlung macht sich in der TS-Produktion bemerkbar. Im Durchschnitt werden ca. 200 Gramm TS pro m² gebildet und mit einem nunmehr auf 1,2 gestiegenen Faktor Haude werden pro Kilogramm TS nur noch etwa 310 Liter Wasser verbraucht. Diese Zahl macht deutlich, dass die produktive Verdunstung ansteigt, die Pflanze befindet sich in der Bestockungsphase (EC-Stadium 35-39) und nutzt das Wasser sehr effizient für die Einlagerung von Assimilaten. Die hierfür notwendige grüne Blattfläche hat einen Wert von 2 m² pro m² Bodenfläche erreicht.

Im Mai ist die RUE auf fast 250 MJ * m^{-2} angestiegen, der Bestand bildet bis zu 520 Gramm TS pro m² und benötigt dazu nur noch etwas mehr als 230 Liter Wasser pro Kilogramm. Die Pflanze befindet sich in der Schossen-Phase, in der das Haupt-Längenwachstum stattfindet (EC-Stadium 40-59).

Die Gesamtverdunstung (Evapotranspiration) ist nun sehr hoch, der Faktor Haude liegt bei 1,55, der BFI beträgt 3,5.

Im Juni setzt die Blüte der Pflanze ein und es findet die Fruchtbildung statt (EC-Stadium 60-99 und 70-72).
Die Assimilationsraten sind nach wie vor hoch und es werden bei optimaler Wasserversorgung mit einem grünen BFI von fünf, bis zu 815 Gramm TS pro m² gebildet.
Der Wasserverbrauch pro Kilogramm TS ist noch weiter abgesunken und liegt jetzt unter 200 Litern pro Kilogramm TS.
Der Verdunstungsanspruch der Atmosphäre ist bei einer mittleren PAR von etwa 250 MJ * m^{-2} noch einmal gestiegen und spiegelt sich jetzt in einem Faktor Haude von 1,86 wieder.
Im Juli nimmt der grüne BFI schon wieder ab und beträgt jetzt 2,5. Die Pflanze ist in eine Phase übergegangen, in der die Fruchtbildung vorangetrieben wird und der Blattapparat zurückgestellt wird. In der ersten Julihälfte wird die Milchreife (EC-Stadium 73-77) erreicht.
Die PAR liegt im Juli bei etwas unter 250 MJ * m^{-2} und es werden aufgrund der reduzierten Photosynthesefläche nur noch etwas weniger als 400 Gramm TS pro m² gebildet. Der Evapotranspirationskoeffizient ist aufgrund einer höheren Evaporation auf etwa 430 Liter pro Kilogramm TS angestiegen, der Faktor Haude hat seinen Spitzenwert von 1,92 erreicht.
Da für die Nutzung in der Biogasanlage nicht die Vollreife (Gelbreife) des Getreides, sondern die Milchreife angestrebt wird, findet die Ernte Anfang bis Mitte des Monats statt und der TS-Zuwachs liegt im Juli bei etwas unter 200 Gramm pro m².

8.1.2 Silomais

Der Silomais wird im Model Mitte Mai ausgesät. Eine frühere Aussaat ab Ende April wäre durchaus möglich, kann aber in den kühleren Mittelgebirgslagen ungünstig für den Aufwuchs des Bestandes sein.
Im April können die Temperaturen in diesen Gebieten für das Keimen und den Aufgang des Maises durchaus noch unter den erforderlichen 8-10 Grad liegen. Hinzu kommt, dass die Bodentemperaturen auf den Standorten mit schweren, schlecht erwärmbaren Böden noch zu niedrig sein können.
Aufgang und der initiale Aufwuchs sind dann gehemmt und die Bestandesentwicklung geht verlangsamt voran.

Mit einem Aussaattermin Mitte Mai sind die Luft- und Bodentemperaturen schon um einiges höher (mittlere Lufttemperatur im Untersuchungsgebiet im Mai, 12,2° C und im April 7,4° C) und der Aufwuchs des Silomais geht beschleunigt voran.

Vom Aussaattermin Mitte Mai bis Ende Mai finden die Keimung und der Feldaufgang statt (EC-Stadium 09-19).

Im Juni liegt die phosynthetisch aktive Strahlung dann schon bei fast 250 MJ pro m² und der Mais entwickelt einen BFI-Wert von 0,75. In der ersten Junihälfte befindet sich der Bestand in der Phase der Blattentwicklung und geht dann in die Schossenphase über (EC-Stadium 20-29 und 30-39). Durch die relativ zur Bodenfläche noch geringe Blattfläche ist die unproduktive Verdunstung noch hoch. Die gesamte Wassermenge, die durch Evapotranspiration für die Produktion von einem Kilo Trockensubstanz vom Boden in die Atmosphäre geht, liegt bei etwa 860 Litern. Es werden durchschnittlich etwa 110 Gramm TS pro m² produziert.

Der Faktor Haude ist entsprechend dem Sättigungsdefizit der Luft im Juni mit 1,18 schon relativ hoch. Er liegt jedoch niedriger als bei einem Getreidebestand, da Mais als C4-Pflanze einen geringeren Wasserbedarf hat (siehe Punkt 3.1).

Im Juli steigt die PAR auf über 250 MJ * m^{-2}, der BFI des Bestandes wächst aufgrund der hohen Strahlung bis Ende Juni auf über vier an und der Monatsdurchschnitt liegt bei 3,5. Der Bestand geht in die Phase des Längenwachstums und später in die des Rispenschiebens über (EC-Stadium 40-50 und 51-59) über.

Die mittlere monatliche CGR klettert auf über 650 Gramm pro m² und es werden bei einem Faktor Haude von 1,62 etwa 210 Liter Wasser pro Kilogramm TS verbraucht.

Der Juli ist für den Bestand, der sich in der Schossen-Phase befindet, der Monat mit dem höchsten Wasserbedarf. Pro Quadratmeter werden für eine optimale Ausnutzung der Strahlungsenergie etwa 140 Liter Wasser benötigt.

Der August ist mit einem BFI von fünf der Monat mit der höchsten Menge an grünem photosynthetisch aktivem Blattwerk. Im Bestand beginnt die Blütephase und Ende August die Kornbildung (EC-Stadium 61-69 und 71-74). Bei nach wie vor hohen PAR-Werten von über 220 MJ * m^{-2} werden in allen vier Gebieten mehr als 890 Gramm TS pro m² produziert. Spitzenreiter ist das

Gebiet Weser-Leine mit über 910 Gramm pro m². Grund hierfür sind die überdurchschnittlich hohen Strahlungswerte in diesem Gebiet.
Der Wasserbedarf pro Kilogramm TS hat im August seinen niedrigsten Punkt erreicht und liegt mit einem Faktor Haude von 1,52 bei unter 150 Litern.
Im September beginnt die Reife der Pflanze (EC-Stadium 75-80) und es findet eine Assimilatverlagerung vom Blattwerk in den Kolben statt (Der grüne Blattapparat verringert sich auf einen BFI-Wert von vier, bei einer durchschnittlichen PAR von 140 MJ * m^{-2} werden im Mittel nur noch etwas mehr als 410 Gramm Trockemasse pro m² gebildet. Der Wasserverbrauch hat im September mit etwa 80 Litern pro m² seinen zweitniedrigsten Punkt erreicht, die Wasserverbrauchsintensität (ETK) steigt mit Werten um 200 Litern pro Kg wieder an.
Im Oktober kommt es zum Ausreifen des Bestandes, der grüne BFI sinkt auf 2 ab.
Die verminderte Blattfläche schafft bei einer durchschnittlichen PAR von etwa 80 MJ * m^{-2} nur noch einen TS-Zuwachs von etwas über 100 Gramm pro m² (bei Erntetermin um den 15.10).
Es werden ca. 200 Liter Wasser pro Kg TS verbraucht und der Wasserverbrauch pro m² ist bei einem Faktor Haude von nur noch 0,68 auf etwa 22 Liter abgesunken.
Mitte bis Ende Oktober wird der Mais im Stadium der Milchreife geerntet, um eine Maximierung der Methanausbeute in der Biogasanlage zu erreichen.

8.1.3 Zweikulturnutzung auf den Grundwasserböden

Für die Standorte, auf denen aufgrund von einer zusätzlichen Wasserversorgung der Pflanzen mit Wasser aus dem Grundwasserkörper gerechnet werden kann, wurde im Modell eine Zweikulturnutzung simuliert.
Die Aussaat und der Wachstumsverlauf der Wintertriticale sind, bis auf den Erntetermin, mit den unter Punkt 8.1.1 beschriebenen Terminen und Stadien nahezu identisch. Minimale Abweichungen ergeben sich aufgrund der veränderten Mittelwerte für die PAR und die Verdunstung. Diese ergeben sich, der Einfachheit halber, aus dem Mittel aller Grundwasserflächen, welche über das gesamte Untersuchungsgebiet verteilt sind.

Die Ernte des Getreides erfolgt schon in der ersten Junihälfte, um der nachfolgenden Kultur, dem Silomais, ausreichend Zeit für Massenwachstum zu geben.
Der mittlere Gesamtertrag liegt aufgrund der früheren Ernte nur bei etwa 1,2 Tonnen im Gegensatz zu 1,75 Tonnen in den übrigen vier Gebieten.
Nach der Ernte des Wintergetreides kann der Mais sofort ausgesät werden. Keimung und Aufgang finden beide noch im Juni statt, die jungen Pflanzen erreichen bei einer schon hohen PAR von fast 250 MJ * m^{-2} einen BFI von 0,25.
Die Wachstumsrate des Bestandes ist mit etwa 35 Gramm pro m^2 noch bescheiden, der Wasserverbrauch pro Kg TS ist mit 2750 Litern aufgrund der starken unproduktiven Verdunstung hoch. Pro m^2 werden 95 Liter Wasser benötigt, der Faktor Haude liegt bei 1,18.
Im Juli kann der Bestand aufgrund der hohen Strahlungswerte (die PAR liegt bei über 250 MJ * m^{-2}) rasch seinen BFI vergrößern, er liegt im Monatsmittel schon bei 2,5.
Es werden durchschnittlich fast 440 Gramm TS pro m^2 gebildet, der Wasserverbrauch ist auf etwas über 300 Liter pro Kg TS abgesunken.
Insgesamt werden bei einem Faktor Haude fast 140 Liter Wasser pro m^2 benötigt.
Im August steigt der BFI auf vier an, die PAR ist mit über 220 MJ * m^{-2} nach wie vor hoch und der Bestand kann bis zu 680 Gramm TS pro m^2 bilden.
Die Wasserverbrauchsintensität ist bei einem Faktor Haude von 1,52 auf unter 200 Liter pro Kg TS abgesunken und der Wasserbedarf pro m^2 liegt bei etwa 130 Litern.
Im September wird mit fünf der höchste BFI - Wert erreicht. Da die PAR mit nur noch 140 MJ * m^{-2} schon um einiges niedriger liegt als im Vormonat, können die Pflanzen den hohen BFI nicht mehr voll ausnutzen.
Die TS-Produktionsrate liegt jetzt bei 560 Gramm pro m^2 und pro Kg TS werden 146 Liter Wasser benötigt. Der Wasserverbrauch pro Quadratmeter liegt jetzt bei nur noch 81 Litern pro m^2, der Faktor Haude beträgt, wie im August, 1,52.
Im Oktober nimmt der grüne BFI wieder ab, er beträgt jetzt 3,5. Es werden bei einer stark verringerten PAR von etwa 80 MJ * m^{-2} noch etwas über 200 Gramm pro m^2 gebildet. Der Wasserverbrauch pro Kg TS ist aufgrund des

niedrigen Verdunstungswertes (Faktor Haude liegt bei 0,68) auf etwa 100 Liter pro Kg abgesunken.
Der Wasserverbrauch pro m² liegt bei nur noch 22 Litern.
Mitte bis Ende Oktober kann der Bestand im Stadium der Milchreife geerntet werden.
Durch die späte Aussaat und die Verschiebung des BFI - Max gegenüber der PAR, liegt die maximal erzielbare Ertragsmenge bei 1,94 Kg pro m² im Gegensatz zu 2,2 Kg pro m² beim früheren Aussaattermin und dem alleinigen Anbau von Silomais.
Wie bereits eingangs erwähnt, handelt es sich bei den beschriebenen Ertragsverläufen nur um theoretisch erzielbare Maximalwerte unter idealen Bedingungen.
Im folgenden Teil wird nun auf die berechneten und zusammengefassten Erträge und Verläufe der Ertragsbildung in den vier Teilgebieten, für die Kulturen Triticale und Mais sowie der Zweikulturnutzung eingegangen.

9. Darstellung der berechneten Ergebnisse

9.1 Wintertriticale

(vgl. hierzu Ertragskarten 9.1.1 bis 9.1.4 im Anhang sowie Tabelle 9.1.1)
Für die vier Teilgebiete lässt sich generell sagen, dass die Gesamtergebnisse von einem zum anderen Gebiet nicht allzu stark variieren.
Dies ist nicht verwunderlich, da die Gebiete alle in einem mehr oder weniger homogenen Naturraum liegen, in dem es zumindest klimatisch gesehen, keine allzu großen Schwankungsbreiten gibt.
Beim direkten Vergleich liegt das westlichste der vier Gebiete, der Bereich Weser-Leine, mit den Triticaleerträgen an erster Stelle. Auf dem 14.681Hektar großen Teilgebiet des Landkreises wird ein durchschnittlicher Ertrag von 13,95 Tonnen pro Hektar erzielt (vgl. Tabelle 9.1.1).

Tab. 9.1.1: Triticaleerträge der vier Teilgebiete des Landkreises

Hahletal			**Leinetalgraben**		
Gesamtfläche	16.370,05	Hektar	Gesamtfläche	11.396,11	Hektar
Gesamtertrag	219.194,9	Tonnen	Gesamtertrag	150.770,5	Tonnen
Ertragsmittel	13,39	t/ha	Mittelwert	13,23	t/ha
Ertragsmin	9,39		Ertragsmin	9,47	
Ertragsmax	16,13		Ertragsmax	16,45	
NFKWE-Mittel	162,75	mm	NFKWE Mittel	129,90	mm
AZ-Mittel	53,86		AZ-Mittel	54,00	
Leinetal-Ost			**W-Leine**		
Gesamtfläche	9981,15	Hektar	Gesamtfläche	14.681,36	Hektar
Gesamtertrag	130.653,3	Tonnen	Gesamtertrag	204.804,9	Tonnen
Ertragsmittel	13,09	t / ha	Ertragsmittel	13,95	t/ha
Ertragsmin	9,83		Ertragsmin	8,08	
Ertragsmax	16,62		Ertragsmax	16,91	
NFKWE-Mittel	126,77	mm	NFKWE-Mittel	152,53	mm
AZ-Mittel	47,81		AZ-Mittel	48,51	

An zweiter Stelle liegt das Gebiet Hahletal mit 13,39 t/ha.
Beide Gebiete zeichnen sich durch eine überdurchschnittlich hohe mittlere nFKWe der Flächen aus. Das Gebiet Hahletal mit 162,75 mm und Leinetal-Ost mit 152,53 mm.
Das Gebiet Hahletal besitzt zudem die zweihöchste durchschnittliche Ackerzahl, sie liegt hier bei 53,8.
Die durchschnittliche Ackerzahl des Gebietes Weser-Leine liegt mit 48,5 etwas niedriger.
Der dritthöchste Durchschnittsertrag für Triticale wird im Gebiet Leinetalgraben mit 13,23 Tonnen pro Hektar erzielt, gefolgt vom Gebiet Leinetal-Ost mit 13,09 Tonnen.
Die Gebiete Leinetal-Ost und Leinetalgraben weisen durchschnittliche nFKWe - Werte von jeweils 126,8 und 129,9 auf, die mittleren Ackerzahlen liegen bei 47,8 und 54,0.
Aufgrund der sehr unterschiedlichen Ausstattungsmerkmale der Einzelflächen mit Ertragsfaktoren kommt es innerhalb der vier Gebiete zu zum Teil starken Schwankungen bei den Erträgen.
So liegt der Höchstertrag im Gebiet Hahletal bei 16,13 Tonnen pro Hektar und der kleinste Ertrag bei 9,39 Tonnen.
Im Gebiet Leinetal-Ost sind es jeweils 16,62 und 9,83 Tonnen, im Gebiet Leinetalgraben 16,45 und 9,47 Tonnen und, mit der größten Schwankungsbreite, 16,91 und 8,08 Tonnen im Gebiet Weser-Leine. Die größere Schwankungsbreite kommt in diesem Gebiet wahrscheinlich durch die stärkere Schwankung in der Globalstrahlung zustande.
Obwohl die Strahlungswerte zweifelsfrei einen Einfluss auf die Triticaleerträge ausüben, so ist doch die Wasserversorgung, und hier in erster Linie durch Wasserreserven im Boden aber auch durch Niederschläge, für die Ertragsmengen von größerer Bedeutung.
Bei einem Blick auf die Karte der Jahresniederschlagsverteilung (vgl. Abb. 2.2.3 im Anhang) wird deutlich, dass im Gebiet Weser-Leine die höchsten Niederschlagsmengen zu verzeichnen sind (Vorherrschen von Westwinden, Gebiet liegt auf der Luvseite der Berge). Das Gebiet Hahletal weist zwar aufgrund seiner östlichen Lage, im Lee der Bergketten, geringere Niederschlagsmengen auf, hat jedoch, wie bereits erwähnt, die höchste durchschnittliche nFKWe (vgl. Abb. 9.1.1 im Anhang).

Bei der Betrachtung der räumlichen Verteilung der Erträge und der Ertragshöhen (vgl. Ertragskarten 9.1.1 bis 9.1.4 im Anhang) lässt sich gut erkennen, dass die Flächen mit den höchsten Erträgen in den Gebieten Hahletal und Weser-Leine, Gebiete mit einer hohen nFKWe und oder höheren Niederschlägen sind.
Das Gebiet Leinetalgraben (vgl. Ertragskarte 9.1.3 im Anhang), mit einer mittleren nFKWe von 129,9 und einem mittleren Jahresniederschlag von unter 700 mm auf den meisten Flächen, weist, wie bereits erwähnt, die zweitniedrigsten Triticaleerträge auf. In der grafischen Darstellung der nFKWe scheint das Gebiet bestens ausgestattet zu sein. Da auf der verwendeten Karte jedoch auch viele Grünlandflächen im Leinetal (Grünlandflächen sind nicht mit in die Ertragsberechnungen eingeflossen) und die Grundwasserböden mit dargestellt sind (diese sind separat berechnet worden), kommt es zu der scheinbaren optischen Abweichung vom angegebenen Durchschnittswert der nFKWe auf den berechneten Flächen. Selbiges gilt auch für das Gebiet Hahletal mit seiner ausgedehnten Flussniederung.
An vierter Stelle steht das Gebiet Leinetal-Ost (vgl. Ertragskarte 9.1.2 im Anhang), mit einer (auch optisch erkennbaren) mittleren durchschnittlichen nFKWe. Die Niederschläge steigen in diesem Gebiet - orografisch bedingt - wieder an und lassen Übereinstimmungen mit den Ertragshöhen erkennen.
Als zweiten, den Ertrag beeinflussenden Faktor, muss natürlich auch die für das Pflanzenwachstum zur Verfügung stehende Strahlung, die PAR, betrachtet werden.
Auf Abb. 2.2.6 im Anhang ist die räumliche Verteilung der einfallenden Globalstrahlung im Untersuchungsgebiet in kWh pro Jahr dargestellt.
Das kleinräumige Mosaik lässt allerdings allenfalls vermuten, in welchen Gebieten die höchsten Strahlungsmengen einfallen. Zur besseren Verdeutlichung dient die folgende Tabelle (9.1.2).
Auch wenn die Differenzen nicht allzu groß erscheinen, so lässt sich anhand der Strahlungswerte eine eindeutige Aussage machen.
Wie aus Tabelle 9.1.2 ersichtlich, weist das Gebiet Weser-Leine mit Abstand die höchsten durchschnittlichen Mittelwerte und die höchsten durchschnittlichen Maximalwerte für die PAR auf. Bei den Mittelwerten weist das Gebiet, bis auf den Juli, die höchsten PAR-Werte der Gruppe auf.

Bei den Maximalwerten ist das Gebiet in jedem der neun Monate an erster Stelle.
Bei den Mittelwerten liegt das Gebiet Hahletal im Juli an erster Stelle und in drei weiteren Monaten gleichauf mit dem Gebiet Weser-Leine.
Im Gebiet Leinetalgraben wird in zwei Monaten der Mittelwert der Gebiete Hahletal und Weser-Leine erreicht und in allen neun Monaten existieren hier die höchsten Minimal-Strahlungswerte.
Das strahlungsärmste Gebiet ist das Gebiet Leinetal-Ost, mit lediglich einem Mittelwert im Mai, der gleichauf mit den drei anderen Gebieten liegt.
Anhand der Tabelle kann ganz klar gesagt werden, dass das Gebiet Weser-Leine den höchsten durchschnittlichen Strahlungsgenuss aufweist und sich diese Tatsache auch in der Ertragshöhe für die Wintertriticale wieder spiegelt.
Das Gebiet Hahletal ist, was die Gunst an Wasser und Strahlung angeht, an zweiter Stelle und weist auch die zweithöchsten Erträge auf.
Für die Gebiete Leinetalgraben und Leinetal-Ost gilt, in dieser Abfolge, die gleiche Beziehung.

Tabelle 9.1.2: PAR-Werte in MJ pro m² für Einzelmonate auf Gebietsebene (Die jeweils höchsten Werte sind rot markiert)

	Hahletal			Leinetal-Ost			Leinetalgraben			Weser-Leine		
	Mittel	Max	Min	Mittel	Max	Min	Mittel	Max	Min	Mittel	Max	Min
Mär	119	139	93	120	145	90	119	137	102	122	154	92
Apr	187	204	161	187	209	157	187	202	169	188	216	158
Mai	248	260	227	248	262	223	248	258	234	248	265	225
Jun	247	255	231	246	254	227	247	254	237	247	258	232
Jul	255	265	236	253	264	231	254	262	242	253	268	235
Aug	224	240	199	223	242	194	223	236	206	228	248	194
Sept	141	158	115	140	162	111	140	254	123	141	170	113
Okt	86	104	62	87	110	60	86	102	70	88	118	61
Nov	38	51	23	39	55	14	38	49	28	40	61	16

Bei der anschließenden Betrachtung der Maiserträge wird der Zusammenhang zwischen Strahlung und Ertrag noch deutlicher werden, da hohe Maiserträge (anders als beim Wintergetreide) neben einem guten Wasserangebot außerdem verstärkt vom Strahlungsangebot abhängen.

9.2 Silomais

(vgl. hierzu Ertragskarten 9.2.1 bis 9.2.4 im Anhang sowie Tabelle 9.2.1)

Die berechneten Silomaiserträge der vier Teilgebiete weisen, anders als bei der Wintertriticale, stärkere Abweichungen untereinander auf.

Die höchsten durchschnittlichen Hektarerträge werden im Gebiet Weser-Leine mit 16,78 Tonnen pro Hektar erzielt (vgl. Tabelle 9.1.3).

Wie bereits unter Punkt 9.1 angesprochen, weist das Gebiet Weser-Leine über-durchschnittlich hohe mittlere Strahlungswerte und die höchsten Strahlungs-spitzenwerte in der Vegetationsperiode von März bis November auf (vgl. Tabelle 9.1.2).

Tab. 9.2.1: Maiserträge der vier Teilgebiete des Landkreises

Hahletal			**Leinetalgraben**		
Gesamtfläche	16.370,05	Hektar	Gesamtfläche	11.396,11	Hektar
Gesamtertrag	258.155,7	Tonnen	Gesamtertrag	170.805,0	Tonnen
Ertragsmittel	**15,77**	t/ha	Ertragsmittel	**15,69**	t/ha
Ertragsmin	**10,57**		Ertragsmin	**11,08**	
Ertragsmax	**19,25**		Ertragsmax	**19,45**	
NFKWE-Mittel	162,75	mm	NFKWE-Mittel	129,00	mm
AZ-Mittel	53,93		AZ-Mittel	53,55	
Leinetal-Ost			**W-Leine**		
Gesamtfläche	9981,15	Hektar	Gesamtfläche	14.681,36	Hektar
Gesamtertrag	155.306,7	Tonnen	Gesamtertrag	246.353,2	Tonnen
Ertragsmittel	**15,56**	t/ha	Ertragsmittel	**16,78**	t/ha
Ertragsmin	**11,48**		Ertragsmin	**11,30**	
Ertragsmax	**19,55**		Ertragsmax	**20,35**	
NFKWE-Mittel	126,81	mm	NFKWE-Mittel	152,70	mm
AZ-Mittel	47,82		AZ-Mittel	48,53	

Auch in der Vegetationszeit des Silomais, in diesem Fall von Juni bis Oktober, liegt das Gebiet mit insgesamt 957 MJ * m^{-2} an erster Stelle. Die Summe der mittleren Strahlungsspitzenwerte beträgt 1062 MJ * m^{-2}.
Neben den Strahlungsmittel- und Spitzenwerten ist auch das Zusammenfallen von hohem Strahlungsgenuss und einer guten Wasserversorgung von Bedeutung. Besondere Bedeutung kommt hierbei der nFKWe zu. Auch die Niederschlagsmengen der einzelnen Flächen sind wichtig, sie weisen aber eine geringere Variabilität als die nFKWe - Werte auf (11 % vs. 25%) (vgl. Tabelle 9.2.2).
Für die Ermittlung der Zusammenhänge zwischen Strahlungsgenuss und Wasserversorgung wurden mit dem Programm SPSS die entsprechenden Korrelationen berechnet.
Den höchsten Korrelationskoeffizienten von nFKWe und Strahlung weist das Gebiet Leinetalgraben mit 0,19 auf, gefolgt von den Gebieten Weser-Leine (0,128), Leinetal-Ost (0,078) und, mit einer negativen Korrelation von nur -0,017, das Gebiet Hahletal.
So scheint es, dass das Gebiet Hahletal trotz seiner höchsten durchschnittlichen nFKWe von 162,75 diese Gunst nicht voll ausnutzen kann, da die Korrelation mit der Strahlung so niedrig, bzw. sogar negativ ist.
Am besten schneidet das Gebiet Weser-Leine mit einer hohen durchschnittlichen nFKWe von 152,7 und einem relativ hohen Korrelationskoeffizienten von 0,128 ab.
Im Gebiet Weser-Leine befinden sich, wie bereits erwähnt, die höchsten Hektarerträge, im Gebiet Hahletal die zweithöchsten.
Das Gebiet mit den dritthöchsten Erträgen ist das Gebiet Leinetalgraben. Hier werden pro Hektar 15,69 Tonnen erzielt. Trotz seiner geringeren nFKWe und einer durchschnittlichen Gesamtstrahlungsmenge von nur 1008 MJ * m^{-2} liegt dieses Gebiet mit seinem Ertrag nur dicht hinter dem Ertrag des Gebietes Hahletal.
Die Begründung hierfür liegt in erster Linie an der guten Übereinstimmung der nFKWe – Werte mit den Strahlungswerten. Mit einem Korrelationskoeffizienten von 0,19, besteht von allen vier Gebieten hier der größte Zusammenhang.
Ein weiteres Merkmal des Gebietes sind die Minimum-Strahlungswerte, die in allen neun Monaten der Vegetationszeit hier am höchsten sind.

Mit 15,56 Tonnen pro Hektar bleibt das Gebiet Leinetal-Ost mit seinem Ertrag um mehr als eine Tonne hinter dem Ertrag des Gebietes Weser-Leine zurück. Die durchschnittliche nFKWe ist hier am niedrigsten und die Korrelation von Strahlung und nFKWe, mit nur 0,078, gering. In der Zeit von Juni bis Oktober liegen die Strahlungswerte des Gebietes im mittleren bis unteren Bereich.

Tabelle 9.2.2: Statistischer Vergleich der vier Gebiete anhand der Niederschläge (N), der Strahlungssumme (R), der nutzbaren FK und den Korrelationen aus R und NF bzw. N. Der jeweils höchste und der zweithöchste Wert sind rot bzw. blau markiert

	Mittelwerte			Korrelationen	
	N (06-10)	R (06-10)	NF	R-NF	R-N
Hahletal	304,79	953	162,75	-0,017	0,036
Leinetal-Ost	318,73	949	126,77	0,078	-0,020
Leinetalgraben	311,47	950	129,90	0,190	-0,173
W-Leine	341,00	957	152,53	0,128	-0,082
Mittel	319,00	952	142,98		
S-Maß	36,21	8	35,98		
Proz. Abw.	11,00	0,84	25		

Beim Vergleich der Ertragskarten (vgl. Ertragskarte 9.1.5 und 9.1.1 im Anhang) kann man beim optischen Vergleich der Ertragshöhen sehr gut sehen, dass für das Gebiet Hahletal deutliche Unterschiede hinsichtlich der Ertragshöhen und deren räumlicher Verteilung zwischen den beiden Kulturen Mais und Triticale bestehen.

Dort wo mit Triticale die höchsten Erträge erzielt werden, nämlich im Bereich der hohen nFKwe-Werte (vgl. Abb. 9.1.1 im Anhang), bringt der Mais aufgrund geringerer Strahlungsmengen nur mäßige bis mittlere Erträge. Diese sind, was die Tonneerträge angeht, durchaus noch mit denen der Triticale zu vergleichen aber für den Mais mit seinem höheren Ertragspotential eben doch nur mittelmäßig.

In den Gebieten Leinetal-Ost und Weser-Leine und noch ausgeprägter im Gebiet Leinetalgraben, lässt sich beim optischen Vergleich der Ertragsverteilung leicht erkennen, dass die Bereiche hoher und niedriger Erträge bei beiden Kulturen nahezu deckungsgleich sind. Dies deutet wieder auf die höhere Korrelation zwischen den Strahlungswerten und der nFKWe hin, die für die Höhe der Maiserträge so entscheidend ist.

Wie auch bei den Triticaleerträgen, kommt es aufgrund der sehr unterschiedlichen Ausstattungsmerkmale der Einzelflächen mit Ertragsfaktoren innerhalb der vier Gebiete zu zum Teil starken Schwankungen bei den Erträgen.
Im Gebiet Hahletal liegt der kleinste Hektarertrag für Silomais bei 10,57 Tonnen, der höchste bei 19,25 Tonnen. Im Gebiet Leinetal-Ost sind es 11,48 und 19,55 im Gebiet Leinetalgraben 11,08 und 19,45 und im Gebiet Weser-Leine sind es 11,3 und 20,35.
Wie auch schon bei den Triticaleerträgen, kommt die größere Spannbreite im Gebiet Weser-Leine wahrscheinlich durch das größere Streuungsmaß der Strahlung zustande.

9.3 Die Grundwasserböden

(vgl. hierzu Ertragskarte 9.3.1 im Anhang sowie Tabelle 9.3.1)
Bei den Grundwasserböden wurde, wie bereits unter Punkt 7.1 erläutert, zwischen Böden mit hohem und mit niedrigem Grundwasserstand unterschieden.
Bei der anschließenden Berechnung hat sich jedoch gezeigt, dass sowohl die Grundwasserböden erster Klasse, also diejenigen mit hohem Grundwasser, als auch die Grundwasserböden zweiter Klasse, also diejenigen mit niedrigem Grundwasser, annähernd gleich hohe Erträge bringen.
Bei den Böden, bei denen der Grundwasserstand in den Sommermonaten so weit absinkt, dass die kapillare Aufstiegsrate maßgeblich verringert wird, kann dies durch eine allgemein hohe nFKWe wieder ausgeglichen werden. Für den Aufwuchs der ersten Kultur, der Triticale, sowie für die Anfangsphase der zweiten Kultur, dem Mais, steht dann noch genügend Wasser aus dem Grundwasserkörper zur Verfügung.
In den darauf folgenden Monaten kann der Mais dann seinen Wasserbedarf aus der nFKWe und den Niederschlägen decken.
Aus diesem Grund ergaben sich für beide Bodentypen annähernd gleiche Ertragsmengen (vgl. Tabelle 9.3.1).

Tab. 9.3.1: Erträge auf den Standorten der beiden Grundwasserklassen

G-Böden 1.Klasse			G-Böden 2.Klasse		
Gesamtfläche	4867,3	Hektar	Gesamtfläche	2941,8	Hektar
Gesamtertrag	138.231,3	Tonnen	Gesamtertrag	82.340,9	Tonnen
Ertragsmittel	28,40	t/ha	Ertragsmittel	27,99	t/ha
Ertragsmin	25,73		Ertragsmin	25,87	
Ertragsmax	31,97		Ertragsmax	31,44	
AZ-Mittel	65,28		AZ-Mittel	50,09	
NFKWE-Mittel	232,82	mm	NFKWE-Mittel	129,49	mm

Bei den G-Böden 1. Klasse kamen im Model durchschnittlich 28,40 Tonnen pro Hektar zusammen, bei den G-Böden 2. Klasse waren es 27,99 Tonnen.
Die Höchsterträge auf diesen Böden liegen bei jeweils 31,97 und 31,44 Tonnen pro Hektar, die kleinsten Erträge bei 25,73 und 25,87 Tonnen.
Von diesen Erträgen entstammt der größere Teil aus dem Beitrag des Silomaisertrages. Dieser macht bei den Böden 1. Klasse durchschnittlich 18,17 und bei den Böden 2. Klasse 17,91 Tonnen pro Hektar aus. Die verbleibenden 10,23 bzw. 10,08 Tonnen stammen von der Triticale. Der Triticaleertrag ist, bedingt durch die frühe Ernte Ende Mai, niedriger als auf den übrigen Flächen. Die Spannbreite der Triticaleerträge ist interessanterweise erstaunlich gering und liegt bei etwas mehr als einer Tonne. Das Maximum auf den G-Böden beträgt 11,15 und 11,45 Tonnen pro Hektar, das Minimum 9,45 und 9,69
Da auf allen Böden dieser Art für ausreichend Wasser gesorgt ist, können diese geringfügigen Unterschiede allein durch die Variabilitäten in der Strahlung zustande kommen.
Bei den Maiserträgen kommt es aufgrund der stärkeren Abhängigkeit von der Strahlungsmenge und weil im Spätsommer auf manchen Flächen nur noch sub-optimale Wasserangebotsverhältnisse auftreten, zu stärkeren Ertragsschwankungen.
So liegt die kleinste Ertragsmenge für Silomais auf den G-Böden 1. Klasse bei 16,28 Tonnen pro Hektar und die Höchstmenge bei 20,81 Tonnen.
Auf den G-Böden 2. Klasse sind es 15,97 und 20,41 Tonnen pro Hektar.

Der hohe durchschnittliche nFKWe – Wert (232,82) und die hohe durchschnittliche Ackerzahl der Grundwasserböden erster Klasse (65,28), spiegeln deren hohe Güte wieder.

10. Im Modell ermittelte Ertragsverläufe

Nachdem die theoretischen Maximalerträge der vier Gebiete und die tatsächlichen, vom Wasser- und Strahlungsangebot der Einzelflächen abhängigen, Erträge vorgestellt worden sind, wird jetzt noch auf die im Modell ermittelten Wachstumsverläufe der vier Gebiete und der G-Böden eingegangen.
Zum Abschluss werden dann noch die Erträge aus den vier Gemeinden Jühnde, Krebeck, Landolfshausen und Wollbrandhausen vorgestellt.

10.1 TS-Produktion und Verläufe für Triticale

(vgl. hierzu Abb. 10.1.1-10.1.8 im Anhang)
Beginnend nach der Winterruhe, setzt im März das beschleunigt Wachstum der Triticale ein. Die Wachstumsrate liegt im Gebiet Hahletal mit 51,81 Gramm pro m² ganz leicht über der Wachstumsrate der Schablone für dieses Gebiet (vgl. Tabelle 7.2.2 im Anhang).
Im April steigt die Rate auf 201,51 Gramm an. Die maximale Rate von 201,96 Gramm pro m² aus der Schablone (vorgestellt unter Punkt 8) wird in diesem Monat schon leicht unterschritten.
Auch im Gebiet Leinetalgraben (201,39) wird die maximal mögliche Wachstumsrate von 201,96 Gramm pro m² bereits im April unterschritten.
In den Gebieten Weser-Leine (203,62) und Leinetal-Ost (201,38) werden die Schablonenwerte von 201,96 und 203,04 Gramm pro m² noch leicht übertroffen.
Im Mai machen sich dann in allen Gebieten der im Bestand einsetzende hohe Wasserbedarf, mit dem gestiegenen Verdunstungsanspruch der Atmosphäre oder die mangelnde Strahlung bemerkbar. In allen vier Gebieten werden die durchschnittlichen, maximal möglichen Wachstumsraten unterschritten.
Im Gebiet Hahletal werden 391,84 Gramm pro m² erreicht und in den Gebieten Leinetal-Ost, Leinetalgraben und Weser-Leine sind es 388,12; 385,95 und 427,44 Gramm pro m². Die maximal möglichen Erträge liegen im Mai aufgrund der gleichen PAR- und Verdunstungsmittelwerte in allen vier Gebieten bei 520,Gramm pro m².

Im Juni geht die Differenz zwischen der maximal möglichen Ertragsmenge und den tatsächlich im Modell berechneten Erträgen noch weiter auseinander. Für die vier Gebiete liegen die erzielten Erträge bei 577,28 Gramm (Hahletal), 547,97 Gramm (Leinetal-Ost), 536,36 Gramm (Leinetalgraben) und 581,47 Gramm pro m² (Weser-Leine).
Die maximalen Erträge aus den vier Berechnungsschablonen liegen im Monat Juni alle bei über 790 Gramm pro m².
Da das Getreide schon in der ersten Julihälfte geerntet wird, fällt nur noch ein Teil des Ertrages an, der in diesem Monat aufgrund der Klimaverhältnisse möglich wäre. Der Ertrag liegt in drei Gebieten unter 90 Gramm pro m² und im Gebiet Weser-Leine bei 99,28 Gramm pro m².
Anhand der vier Verlaufskurven der Gesamttrockenmassebildung (Abb. 10.1.5-10.1.8 im Anhang) kann der TS-Zuwachs pro Hektar über die Zeit verfolgen werden.
Mit dem Einsetzen der Hauptwachstumsperiode im März steigt die TS-Produktion sprunghaft an. Bis April hat sich die Biomasse des Bestandes von 0,55 auf etwa 2,5 Tonnen pro Hektar verfünffacht. Von April bis Mai werden durchschnittlich etwa vier Tonnen Biomasse neu gebildet und die sechs Tonnen Grenze überschritten. Von Mai bis Juni findet noch mal eine Verdoppelung der Biomasse statt, bevor die Wachstumskurve zum Juli hin abflacht.
Beim Vergleich mit der Wachstumskurve für den maximal möglichen Triticaleertrag (vgl. Abb. 10.1.9 im Anhang) mit optimaler Wasserversorgung lässt sich gut erkennen, dass sich die Unterschiede in der Wasserversorgung der Pflanzen erst ab Mai (6,5 vs. 7,7 Tonnen) zeigen und im Juni (+/- 12,0 vs. 15,7 Tonnen) sehr deutlich werden.
Der Endertrag liegt bei optimaler Wasserversorgung etwa vier Tonnen über dem mittleren Ertrag der vier Gebiete des Landkreises.

10.2 TS-Produktion und Verläufe für Silomais

(vgl. hierzu Abb.10.2.1 bis 10.2.8 im Anhang)
Eine hohe Globalstrahlung im Juni, hohe Boden- und Lufttemperaturen sowie eine allgemein höhere RUE als Triticale ermöglichen es dem Mais schon in der Anfangsphase im Vergleich mit der Triticale etwa das Doppelte an Biomasse zu produzieren. Der durchschnittliche TS-Zuwachs in den vier Gebie-

ten beträgt etwa 110 Gramm pro m² und entspricht noch den Werten aus den Berechnungsschablonen (Tabellen 7.2.7 bis 7.2.10 im Anhang).
Von Juni auf Juli steigt die TS-Produktion auf über 410 Gramm pro m², im Gebiet Weser-Leine sogar auf über 470 Gramm pro m².
Beim Vergleich mit den Schablonenwerten von etwa 655 Gramm pro m² zeigt sich, je nach Gebiet, im Juli schon eine Differenz von etwa 175-250 Gramm pro m².
Im August wird mit CGR-Werten von 539,08 (Leinetalgraben) bis 601,97 Gramm pro m² das höchste Produktionsniveau erreicht.
Gegenüber den Berechnungsschablonen fallen die Produktionsraten um 350 bis 300 Gramm pro m² niedriger aus.
Im September fällt die Produktion wieder ab, es werden Biomassezuwächse von 375,79 (Leinetalgraben) bis 400,4 (Weser-Leine) Gramm pro m² erreicht. In drei Gebieten wird die maximal mögliche Zuwachsmenge der Berechnungsschablone um etwa 35 und im Gebiet Weser-Leine sogar nur um etwas mehr als 15 Gramm pro m² verfehlt.
Im Oktober ist die RUE schon stark gesunken und die Zuwachsraten sind entsprechend niedrig. Sie liegen in allen vier Gebieten bei etwa 69 Gramm pro m² und entsprechen, durch den geringen Wasserbedarf zu dieser Zeit, ungefähr den Werten aus den Berechnungsschablonen.
Beim Silomais zeigen sich die Ertragsminderungen aufgrund von Wassermangel oder zu geringer Strahlung schon etwas früher als bei der Triticale. Im Juni liegen die Biomassezuwächse noch mit denen der möglichen Maximalproduktion gleichauf (vgl. Abb. 10.2.5 bis 10.2.8 sowie Abb. 10.2.9 im Anhang) und im Juli existiert bereits eine Diskrepanz von über zwei Tonnen pro Hektar (Ausnahme Weser-Leine mit etwas unter zwei Tonnen).
Dies hängt mit dem schnelleren Aufwachsen der Kultur und dem bereits hohen Verdunstungsanspruch der Atmosphäre zu dieser Zeit zusammen.
Im August beträgt die Differenz im Gebiet Leinetal-Ost schon etwa sechs Tonnen, im Gebiet Weser-Leine sind es 4,71 Tonnen.
Im September werden in allen Gebieten annäherungsweise die maximalen CGR-Raten erreicht und die Diskrepanz vergrößert sich nicht mehr erheblich. Im Gebiet Weser-Leine beträgt sie jetzt 4,86 Tonnen pro Hektar, in den anderen Gebieten sechs bis 6,4 Tonnen.

Im Oktober findet nur noch wenig Zuwachs im Bestand statt und zum Zeitpunkt der Ernte, Mitte des Monats, liegen die Enderträge zwischen 15,05 Tonnen pro Hektar (Leinetalgraben) und 16,59 Tonnen (Weser-Leine). Der maximal mögliche Durchschnittsertrag für das gesamte Gebiet beträgt 21,85 Tonnen, also zwischen 5,3 und 6,8 Tonnen über den realen errechneten Erträgen.

10.3 TS-Produktion und Verläufe für die Grundwasserböden

(vgl. hierzu Abb. 10.3.1 bis 10.3.4 im Anhang)
Obwohl die Grundwasserböden 1. und 2. Klasse sich als sehr ähnlich hinsichtlich ihrer Ertragseigenschaften erwiesen haben, werden sie hier separat dargestellt, da ihre Ergebnisse jeweils in Einzeldurchläufen errechnet worden sind.

Im März und April unterscheiden sich die durchschnittlichen Zuwächse bei der Triticale kaum von den bereits vorgestellten (vgl. Punkt 10.1). Im Mai macht sich allerdings schon die bessere Wasserversorgung der Pflanzen bemerkbar. Mit durchschnittlich knapp 450 Gramm pro m² wächst der Bestand schneller als in den vier Gebieten, die maximal mögliche Wachstumsrate von 520 Gramm pro m² wird jedoch auch hier nicht erreicht.

Der Juni steht nur mit der ersten Hälfte für die Biomassebildung zur Verfügung, da nach etwa 15 Tagen die Ernte erfolgt. In den ersten 15 Tagen können noch fast 330 Gramm TS gebildet werden. Das sind, auf den ganzen Monat gerechnet etwa 100 Gramm mehr, als in den andern vier Gebieten.

Direkt nach der Ernte wird die zweite Kultur, der Mais, ausgesät. Noch im Juni erfolgt der Aufgang und es werden etwas mehr als 17 Gramm TS pro m² gebildet.

In den Monaten Juli, August und September, werden bei hohem Strahlungsgenuss und günstigen Temperaturen hohe Biomasseerträge erzielt. Sie liegen für die zwei Grundwasserbodenklassen bei 449 / 444, 686 / 677 und 566 / 544 Gramm pro m² und kommen den maximal möglichen Erträgen sehr nah (vgl. Tabelle 7.2.6 und 7.2.11 im Anhang).

In der ersten Oktoberhälfte kommen noch einmal 135 Gramm pro m² zum Ertrag hinzu. Maximal möglich wären 215 Gramm, da jedoch schon um den 15.10, zum Zeitpunkt der Milchreife geerntet wird, ist die Zuwachsmenge ge-

ringer. Bei der Berechnung des Oktoberzuwachses wird der Tatsache Rechnung getragen, dass die Strahlung in der ersten Oktoberhälfte ca. 25% höher liegt als der Monatsdurchschnitt.
Insgesamt wären auf den G-Böden Erträge von durchschnittlich 30,4 Tonnen pro Hektar möglich (vgl. Abb. 10.3.5). Der Beitrag des Triticaleertrages läge bei 11,9 Tonnen und der des Maisertrages bei 18,5 Tonnen pro Hektar.
Wie bereits unter Punkt 9.3 angegeben, kommen bei den G-Böden 1. Klasse im Model durchschnittlich 28,90 Tonnen pro Hektar zusammen, bei den G-Böden 2. Klasse waren es 28,62 Tonnen.
Die Diskrepanz zwischen den höchstmöglichen Durchschnittserträgen und den tatsächlichen, im Modell errechneten Erträgen ist also sehr gering.
Hauptgrund hierfür ist natürlich die gute Versorgung der Pflanzen mit Wasser aus dem Grundwasserkörper.

11. Die Teilerträge der Gemeinden

11.1 Jühnde

Im Gemeindegebiet von Jühnde stehen etwa 1380 ha an Landwirtschaftsfläche (ohne die Grundwasserböden) zur Verfügung.
Jühndes Ackerflächen haben eine mittlere Ackerzahl von 47 und eine relativ niedrige mittlere nFKwe von 106 mm.
Die durchschnittlichen Triticaleerträge sind relativ niedrig, sie liegen im Mittel bei 13,24 Tonnen pro Hektar.
Bei den Maiserträgen schneidet Jühnde schon etwas besser ab, der mittlere Maisertrag auf den Böden in Jühnde liegt bei 15,76 Tonnen und liegt damit hinter Krebeck und Landolfshausen, an dritter Stelle der vier ausgewählten Gemeinden.
Die Grundwasserböden haben in der Gemeinde Jühnde einen Flächenanteil von 88,88 Hektar, auf dem ein durchschnittlicher Ertrag von 28,42 Tonnen eingebracht werden kann.
(Vgl. zu den Zahlen und Erträgen Tabelle 11.1 sowie Ertragskarte 11.1 und 11.2 im Anhang)

11.2 Krebeck

In der Gemeinde Krebeck stehen für die Landwirtschaft etwa 519 ha zur Verfügung (ohne Grundwasserböden).
Die Triticaleerträge liegen mit einem Durchschnittswert von 14,08 Tonnen pro Hektar um 0,84 Tonnen höher als in Jühnde. Grund hierfür könnte die höhere durchschnittliche nFKwe sein, die im Gemeindegebiet mit einem Wert von 195 mm sehr hoch ist. Auch die mittlere Ackerzahl ist mit 58 höher als in Jühnde. Zwischen Ackerzahl und nFKwe besteht natürlich ein positiver Zusammenhang.
Auch die Maiserträge liegen mit 16,10 Tonnen pro Hektar höher als die Erträge in Jühnde.
Der Flächenanteil der Grundwasserböden beträgt in der Gemeinde Krebeck 78,34 Hektar und es wird ein durchschnittlicher Ertrag von 28,19 Tonnen erzielt (Vgl. Tabelle 11.1 sowie Ertragskarte 11.2.1 und 11.2.2 im Anhang).

Tab. 11.1: Triticale- und Maiserträge der vier Gemeinden

Triticale	Jühnde	Krebeck	Landolfsh.	Wollbrandsh.
Fläche in ha	1380,69	519,30	937,78	460,44
Ertrag in t	18.377	7311,74	12.561,78	6676,40
Mittel in t/ha	13,31	14,08	12,98	14,50
NFKWE-Mittel	107,00	195,00	141,00	108,00
AZ-Mittel	47,00	58,00	51,00	49,00

Mais	Jühnde	Krebeck	Landolfsh.	Wollbrandsh.
Fläche in ha	1380,69	519,30	937,78	460,44
Ertrag in t	21.759,67	8360,73	14.920,08	6634,94
Mittel in t/ha	15,76	16,10	15,90	14,41
NFKWE-Mittel	107,00	195,00	141,00	108,00
AZ-Mittel	47,00	58,00	51,00	49,00
Fläche G-Böden in ha	88,88	78,34	233,13	117,90
Ertrag G-Böden in t/ha	28,42	28,19	28,18	28, 09

11.3 Landolfshausen

Die Landwirtschaftlich genutzte Fläche (ohne Grundwasserböden) in der Gemeinde Landolfshausen beträgt etwa 937,78 Hektar.

Der mittlere Triticaleertrag im Gebiet liegt bei nur 12,98 Tonnen pro Hektar und somit an letzter Stelle der vier Gemeinden.

Die durchschnittliche nFKwe der Gemeinde liegt bei 141 mm und die durchschnittliche Ackerzahl beträgt 51.

Die Maiserträge sind mit durchschnittlichen 15,90 Tonnen pro Hektar etwas höher als in Jühnde und um 0,2 Tonnen geringer als in Krebeck.

Die Grundwasserböden haben in der Gemeinde Landolfshausen einen vergleichsweise hohen Flächenanteil von 233,13 Hektar und bringen einen durchschnittlichen Ertrag von 28,18 Tonnen.

(Vgl. Tabelle 11.1 sowie Ertragskarte 11.3.1 und 11.3.2 im Anhang).

11.4 Wollbrandshausen

Die Gemeinde Wollbrandshausen besitzt eine Ackerfläche von 460,44 ha (ohne Grundwasserböden).

Der mittlere Triticaleertrag pro Hektar liegt in Wollbrandshausen bei 14,5 Tonnen, und somit an erster Stelle der vier Gemeinden.
Die nFKwe ist mit durchschnittlichen 108 mm ähnlich niedrig wie in Jühnde und auch die mittlere Ackerzahl ist mit 49 fast gleich hoch.
Die Maiserträge fallen in Wollbrandshausen interessanterweise einmal niedriger aus als die Triticaleerträge, sie liegen bei 14,41 Tonnen pro Hektar und somit um 0,09 Tonnen unter den Triticaleerträgen. Grund hierfür könnte ein zu geringer Strahlungsgenuss des Gebietes oder eine schlechte Korrelation mit der Wasserverfügbarkeit sein (vgl. Punkt 9.2, Hahletal).
Die Grundwasserböden haben in der Gemeinde Wollbrandshausen einen Flächenanteil von 117,9 Hektar und bringen einen durchschnittlichen Ertrag von 28,09 Tonnen pro Hektar
(Vgl. Tabelle 11.1 sowie Ertragskarte 11.4.1 und 11.4.2 im Anhang).

12. Rechnerisch mögliche Biomasseerträge

Da ja unmöglich alle oder auch nur größere Teile der landwirtschaftlichen Flächen des Landkreises für die Energiepflanzenproduktion in Anspruch genommen werden können, wurde nun zum Abschluss noch eine kurze Ertragsberechnung für eine Flächen-Inanspruchnahme der Landkreisflächen für den Energiepflanzenanbau von zehn Prozent vorgenommen.
Hierbei wurden vier Prozent aus den Böden unterer bis mittlere Güteklasse (mit Ackerzahlen von 25-50), vier Prozent aus den Böden oberer Güteklasse (mit Ackerzahlen von 51 bis 80) sowie zwei Prozent aus der Gruppe der Grundwasserböden in die Berechnung einbezogen.
Die jeweiligen Erträge, die in den vier Gebieten für die Kulturen Mais und Triticale und auf den Grundwasserstandorten mit der Zweikulturnutzung erzielt werden können, sind in der Tabelle 12.1 zusammengefasst.
Bei dieser Beispielrechnung wird in einem Jahr auf 8% der Landkreisflächen Triticale angebaut und auf zwei Prozent der Landkreisflächen (ausschließlich Grundwasserböden) Triticale und Mais in einem Jahr. Im nächsten Jahr wird auf 8% der Flächen Mais angebaut und auf den 2% (Grundwasserböden) wieder Triticale und Mais.
In der Tabelle sind die Erträge für die zwei Varianten als Variante A und B gekennzeichnet, wobei Variante A das Triticalejahr kennzeichnet und Variante B das Maisjahr.
Im Triticalejahr liegt der Gesamtertrag bei 97.607 Tonnen, im Maisjahr bei 110.288 Tonnen trockener Biomasse.
Bei einem angenommenen organischen TS-Gehalt von 95% in der Trockenmasse, einer Gasausbeute von 620 m³ pro Tonne und einem Methananteil von 55%, ergäben sich folgende Menge an Methangas:

Variante A: 97.607 x 0,95 x 620 m³ x 0,55 = 31.619.787,65 also rund **31,6 Mio. m³**
Variante B: 110.288 x 0,95 x 620 m³ x 0,55 = 35.727.797,6 also rund **35,7 Mio. m³**

Tab. 12.1: Potentielle Biomasseerträge mit 10% der Landkreisflächen

Mais	AZ 25-50 Ertragsmittel	Prozent Fläche	Anteil am Ertrag	AZ 51-80+ Ertragsmittel	Prozent Fläche	Anteil am Ertrag
Hahletal	14,35 t	31,2	4,48 t	16,93 t	31,2	5,29 t
Leinetal-O.	14,65 t	19,0	2,79 t	16,38 t	19,0	3,12 t
Leinetalgr.	13,68 t	21,7	2,97 t	16,58 t	21,7	3,60 t
Weser-Leine	15,68 t	28,0	4,39 t	17,82 t	28,0	4,99 t
			14,63 t			**17,00 t**

Triticale	AZ 25-50 Ertragsmittel	Prozent Fläche	Anteil am Ertrag	AZ 51-80+ Ertragsmittel	Prozent Fläche	Anteil am Ertrag
Hahletal	11,8 t	31,2	3,68 t	13,95 t	31,2	4,36 t
Leinetal-O.	12,37 t	19,0	2,35 t	13,72 t	19,0	2,61 t
Leinetalgr.	11,73 t	21,7	2,55 t	13,88 t	21,7	3,02 t
Weser-Leine	13,00 t	28,0	3,64 t	14,84 t	28,0	4,16 t
			12,23 t			**14,14 t**

G-Böden	Ertragsmittel	Fläche in ha			
	28,28 t	7809,00			
	4%	4%			
Triticale	AZ 25-50	AZ 51-95			
Fläche in ha	2409	2409			
Ertrag in t	29466	34071	**63.537**	**Tonnen**	
	4%	4%			
Mais	AZ 25-50	AZ 51-95			
Fläche in ha	2409	2409			
Ertrag in t	35260	40957	**76.217**	**Tonnen**	
G-Böden	2% aller Flächen				
Fläche in ha	1205				
Ertrag in t	34070		**34.070**	**Tonnen**	
Ertrag T+G			**97.607**	**Tonnen**	**Variante A**
Ertrag M+G			**110.288**	**Tonnen**	**Variante B**

Auf das zweijährige Mittel gerechnet liegt die Ausbeute bei 5587 Kubikmetern pro Hektar.

Bei einem unteren Brennwert (Hu) von Methan, der bei etwa 37,7 MJ pro Kubikmeter liegt, entspräche die Gasausbeute aus diesen beiden Ertragsvarianten einem Energieäquivalent von jeweils 1.192.066 GJ und 1.346..938 GJ bzw. 1,19 PJ und 1,34 PJ pro Jahr oder 1,265 PJ im Zweijahreszeitraum.

Im Kontext der CO2-Debatte kann natürlich auch noch das CO2-Einsparungspotential errechnet werden.

1.265.000 GJ entsprechen in etwa einem Energiegehalt von 43.174 Tonnen Steinkohle. Bei der Verbrennung dieser Menge an Steinkohle würden etwa 130.000 Tonnen CO2 produziert werden, die sich vorher nicht in der Atmosphäre befanden.

13. Zusammenfassung

In der hier vorliegenden Arbeit wird ein neuer Ansatz zur standortspezifischen Biomassepotentialanalyse vorgestellt. Die Methode bedient sich hoch aufgelöster Klima- und Bodendaten, welche in digitaler Form über das NIBIS® (Niedersächsisches Bodeninformationssystem) vorliegen und somit in einem Geografischen Informationssystem (GIS) verschnitten, analysiert und visualisiert werden können. Durch eine kausale Verknüpfung der Boden- und Klimaparameter, von denen die Biomassebildung auf Ackerstandorten abhängt, wurde gezeigt, dass sich realitätsgetreue Wachstumskurven für die Kulturen Triticale und Mais auf süd-niedersächsischen Agrarflächen generieren ließen.

Aufgrund der hohen Auflösung der Eingangsdaten konnten für die beiden untersuchten Kulturen Ertragsdaten generiert werden, in denen die kulturspezifischen Eigenarten und Anforderungen der beiden Feldfrüchte mit den standortspezifischen Ertragsfaktoren (Boden und Klima) in Beziehung gesetzt waren.

Diese Methode der Biomassepotentialanalyse eines Gebietes oder von Einzelflächen eines Gebietes beruht auf der Grundannahme, dass es einige wenige Standortparameter (Bodenwasser, Niederschlag, Verdunstung, Strahlung) gibt, mit denen sich die Biomassepotentiale von verschiedenen Kulturpflanzen an einem gegebenen Standort gut ableiten lassen.

Vorbedingung für eine derartige Untersuchung ist hierbei, dass die Standortansprüche der Kulturen gut bekannt sind und die erforderlichen Boden- und Klimadaten in einer hohen Auflösung vorliegen.

13.1 Zusammenfassung der Ergebnisse

Insgesamt kann für den gesamten Untersuchungsraum (Landkreis Göttingen) mit seinen vier Teilgebieten gesagt werden, dass die Spanne der Erträge innerhalb der vier Teilgebiete relativ gering ausfällt.

Bei den Triticaleerträgen ist die Schwankungsbreite zwischen dem Gebiet mit dem niedrigsten durchschnittlichen Ertrag (Leinetal-Ost mit 13,13 t/ha) und dem Gebiet mit dem höchsten durchschnittlichen Ertrag (Weser-Leine mit

13,97 t/ha), mit 0,84 Tonnen eher niedrig; bei den Maiserträgen liegt der niedrigste Durchschnittsertrag, im Gebiet Leinetal-Ost, mit 15,56 t/ha mit etwas über eine Tonne (1,22 t/ha) unter dem Durchschnittsertrag des Gebietes Weser-Leine (16,78 t/ha).

Diese Schwankungen zeigen, dass es sich bei dem gesamten Untersuchungsraum (Landkreis Göttingen) um einen relativ homogenen Agrarraum handelt, der nur bei differenzierterer Betrachtung größere Ertragsschwankungen seiner Böden aufweist.

Große Ertragsdifferenzen ergaben sich z.B. zwischen den Standorten mit Grundwasserversorgung (den Grundwasserböden) und den Standorten ohne Grundwasseranschluss. Auf den Grundwasserböden konnten im Modell Erträge von etwa 28 t/ha realisiert werden. Dies liegt natürlich nicht zuletzt daran, dass zwei Kulturfolgen in einer Vegetationsperiode in die Berechnungen eingeflossen sind (Zweikulturnutzung mit Wintergetreide und Mais).

Insgesamt hat sich gezeigt, dass von den beiden Hauptwachstumsfaktoren, der Wasserverfügbarkeit und dem Strahlungsangebot, beide eine ähnlich hohe Bedeutung für einen hohen Ertrag haben. Weiterhin hat sich gezeigt, dass besonders der Mais von einer Kombination aus guter Wasserverfügbarkeit und hohem Strahlungsangebot profitiert.

Für das Wintergetreide Triticale, mit einem höheren Wasserbedarf als der Mais, ließ sich feststellen, dass eine gute Wasserversorgung ausschlaggebend für hohe Erträge ist. Dies bedeutet natürlich nicht, dass ein sehr strahlungsarmer und feuchter Sommer keinen Einfluss auf den Triticaleertrag hat. Auch Triticale braucht für einen hohen Ertrag ein gewisses Strahlungsangebot, jedoch nicht im selben Maße wie der Mais.

Für beide Kulturen kann jedoch gesagt werden, dass auf den meisten Flächen, mit Ausnahme der Grundwasserböden, in den Sommermonaten Mai, Juni, Juli, August und, teilweise auch im September, die Verfügbarkeit von Wasser für die Pflanzen zur Wachstumsbremse wird.

Eine kleinere Anzahl der untersuchten Flächen, nämlich die mit hohen nFKwe-Werten, können auch in diesen Monaten die maximalen Erträge bringen, die aufgrund des örtlichen Strahlungsangebotes möglich sind. In den Monaten März, April, Oktober und November liegt auf allen Standorten und für beide Kulturen die Strahlung im Minimum.

Ausnahme bilden hier, wie bereits erwähnt, die Grundwasserböden, auf denen in allen Monaten und auf fast allen Standorten genug Wasser zur Verfügung steht und die Strahlung voll ausgenutzt werden kann.
Bei der Gegenüberstellung der nach dem Modell berechneten Erträge und den theoretisch möglichen Erträgen, die bei optimaler Wasserversorgung erzielt werden könnten, haben sich folgende Diskrepanzen ergeben.
Der mittlere Triticaleertrag des Gesamtgebietes liegt mit 13.03 Tonnen also 26% unter dem maximal möglichen Durchschnittsertrag von 17,62 Tonnen.
Beim Mais liegt der Durchschnittsertrag mit 15,6 Tonnen also mit 29% unter dem maximal möglichen Ertrag von 21,85 Tonnen.
Bei diesen Ertragszahlen muss natürlich berücksichtigt werden, dass die besseren Böden, mit den höheren Ackerzahlen und der höheren nFKWe, natürlich wesentlich höhere Erträge bringen als der Durchschnitt.
Dies wurde bei der unter Punkt zwölf vorgestellten Ertragsberechnung für ein Szenario mit einer Nutzung von zehn Prozent der Ackerflächen für den Energiepflanzenanbau deutlich.
Hier hatte sich gezeigt, dass die Ackerflächen mit Ackerzahlen von 25 bis 50 deutlich geringere Durchschnittserträge brachten, als die Flächen mit Ackerzahlen über 50.
Bei der Triticale kam es zu Ertragsdifferenzen von fast zwei Tonnen. Die Böden von AZ 25 bis AZ 50 kamen auf einen Durchschnittsertrag von 12,23 Tonnen pro Hektar, die Böden mit AZ 50 und mehr, brachten es auf einen Durchschnittsertrag von 14,14 Tonnen.
Beim Mais war der Abstand noch größer. Die Böden mit AZ 25 bis 50 zeigten einen Durchschnittsertrag von 14,63 t/ha, der mit 2,37 Tonnen unter dem der Böden mit AZ 50 und höher lag (17,0 t/ha).
Für ein Szenario, mit einer Nutzung von zehn Prozent der Landkreisflächen für den Energiepflanzenanbau, wurde abschließend eine Berechnung des potentiellen Ertrags durchgeführt. Hierbei wurde von einer Nutzung der Flächen ausgegangen, die 4% der Böden mit AZ 25-50, 4% der Böden mit AZ 50 und höher sowie 2% aus den Grundwasserböden mit einbezog.
Für eine von Jahr zu Jahr abwechselnde Anbaufolge von Triticale und Mais (außer auf den Grundwasserböden) ergab sich ein auf zwei Jahre gemittelter Ertrag von 103.947 Tonnen. Bei einer Flächeninanspruchnahme von 6023 Hektar, entspricht dies einem Hektarertrag von 17,25 Tonnen.

Das Energiepotential dieser Biomasse, bei Nutzung in Biogasanlagen nach dem Jühnder Modell, läge bei 1,265 PJ/a, das CO2-Einsparungspotential bei etwa 130.000 Tonnen per Anno.

14. Anhang

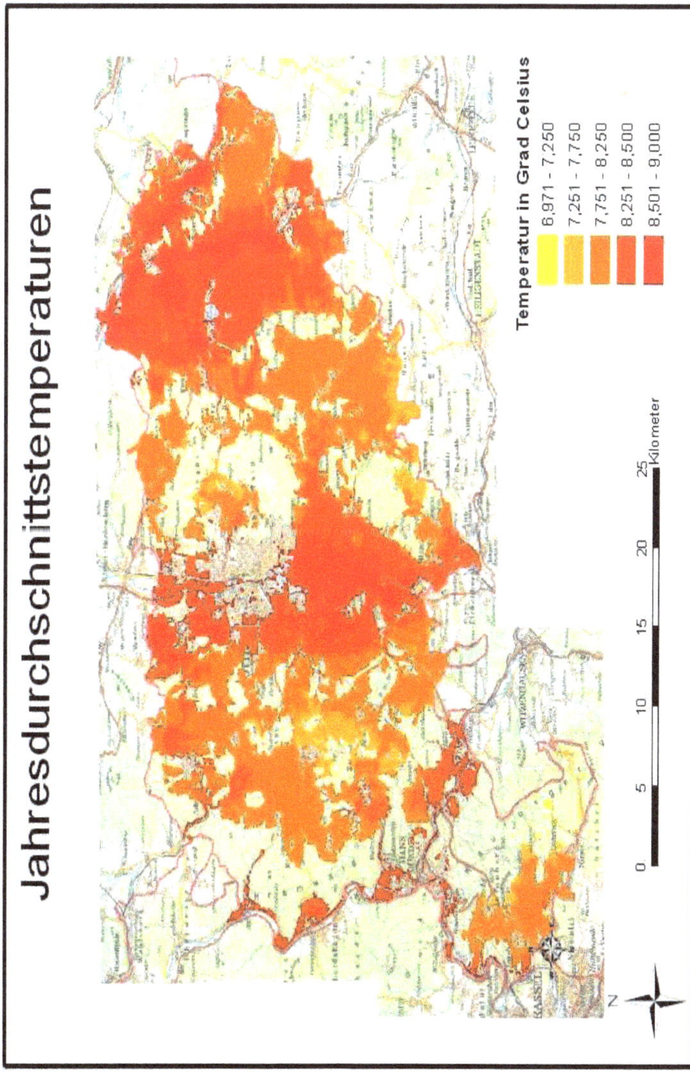

Abb. 2.2.2: Jahresdurchschnittstemperaturen im Landkreis Göttingen

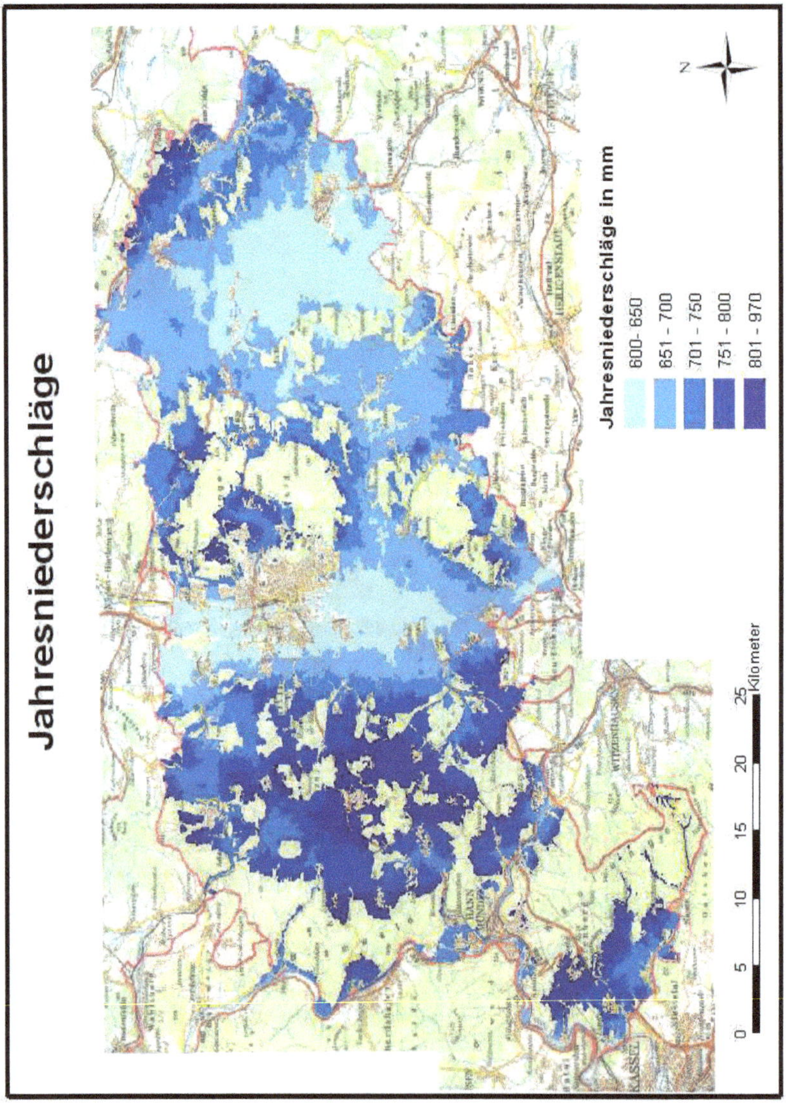

Abb. 2.2.3: Verteilung der Jahresniederschläge im Landkreis Göttingen

Abb. 2.2.4: Reliefdarstellung des Landkreises Göttingen mittels Schummerung. Quelle: Top 50 Niedersachsen / Bremen

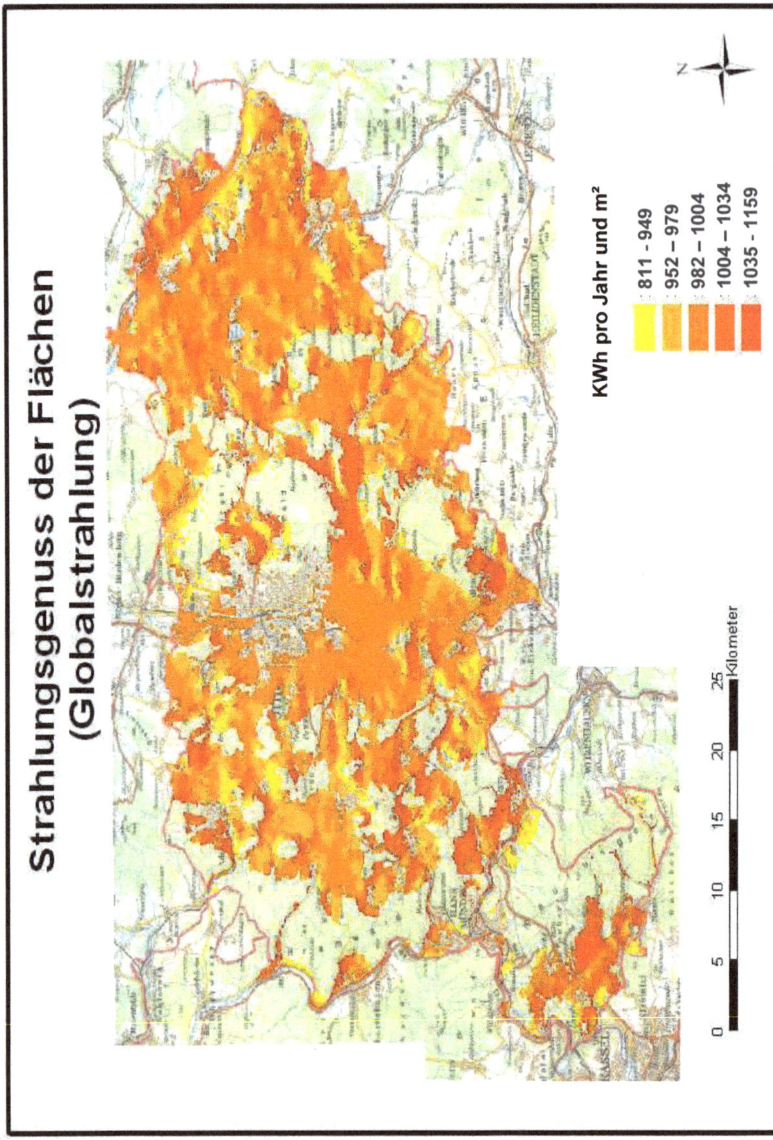

Abb. 2.2.5: Mittlere Globalstrahlungsverteilung auf den Flächen des Landkreises Göttingen in kWh/m². Quelle: Eigene Darstellung

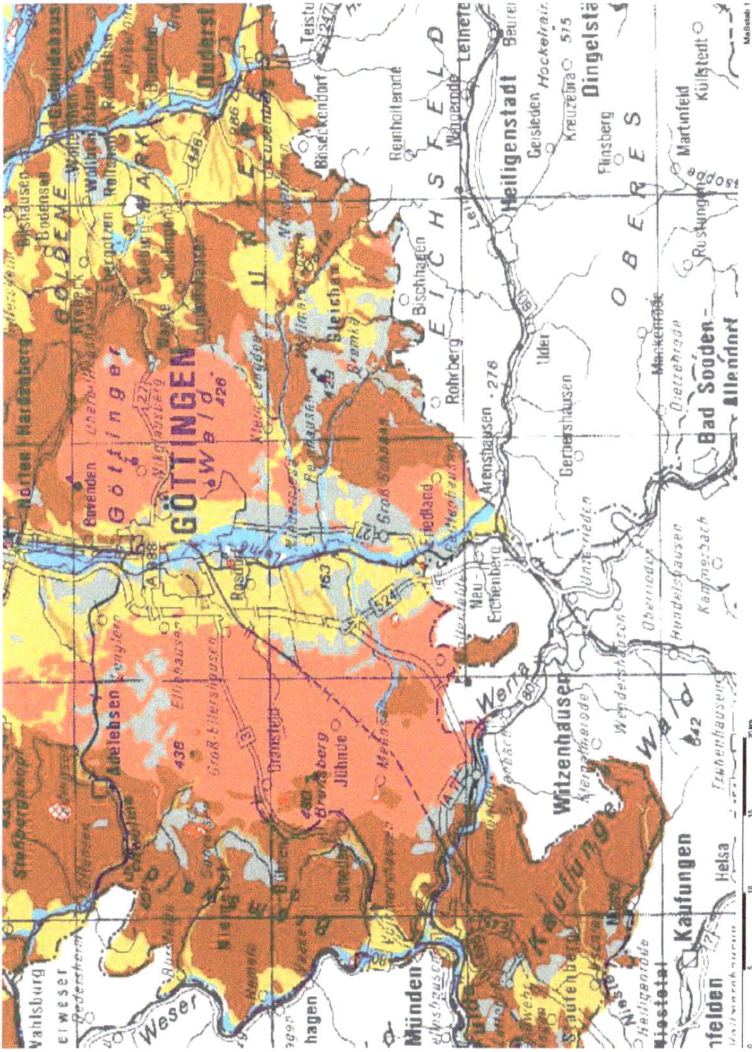

Abb. 2.2.6: Bodentypen im Landkreises Göttingen. Quelle: Kartenserver des LBEG – Lucida Map

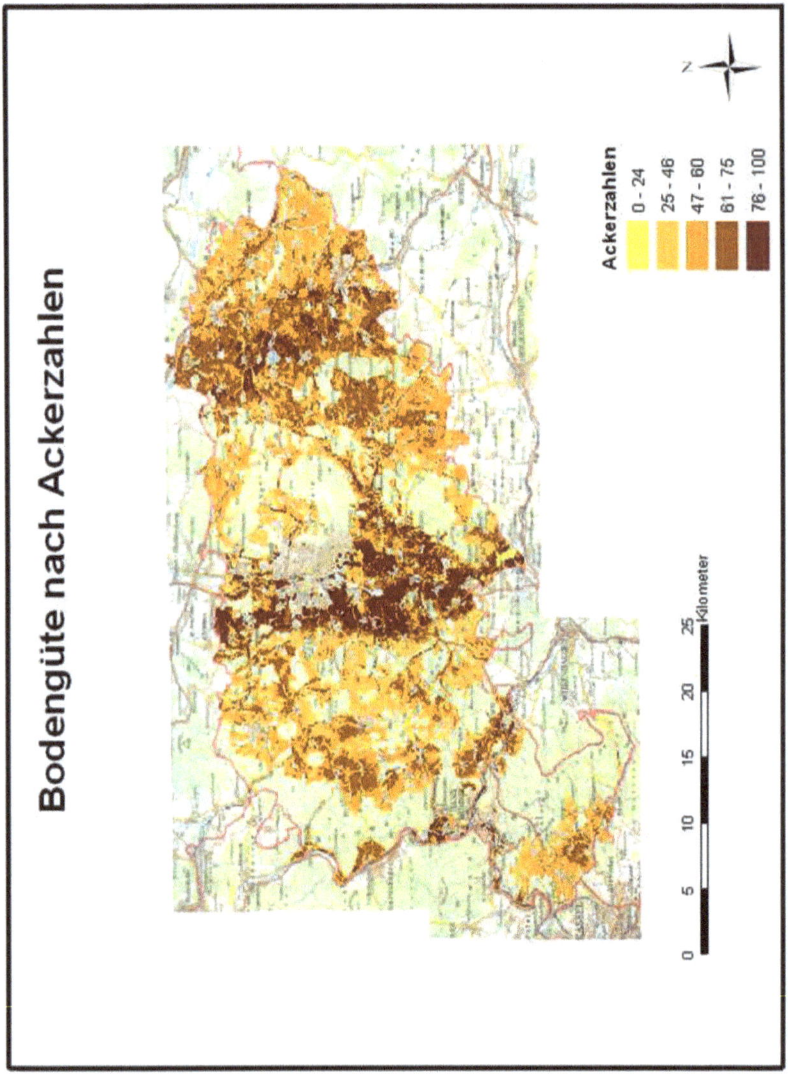

Abb. 2.2.7: Bodengüte nach Ackerzahlen im Landkreises Göttingen.
Quelle: Eigene Darstellung

Tabellen 7.2.2 bis 7.2.11: Die Berechnungsschablonen

Tab. 7.2.2: Berechnungsschablone für Triticale, Hahletal

	Oktober	November	März	April	Mai	Juni	Juli
BFI	0,10	0,25	1,00	2,00	3,50	5,00	2,50
MJ PAR /m²	82,00	38,00	119,00	187,00	248,00	247,00	255,00
CGR g/m²/M	3,28	3,80	54,74	201,96	520,80	815,10	382,50
CGR g/m²/d	0,11	0,13	1,77	6,73	16,80	27,17	12,34
Liter / kg	6876,39	1659,09	394,26	314,33	235,53	185,26	436,55
Liter / m²	22,55	6,30	21,58	63,48	122,66	151,00	166,98
Faktor Haude	0,68	0,45	0,91	1,21	1,55	1,86	1,92

Bis Mitte Juli **Liter ges.** 464,78 **TRS ges. in kg /m²** 1,79 **Liter / kg** 273,40

Tab. 7.2.3: Berechnungsschablone für Triticale, Leinetal-Ost

	Oktober	November	März	April	Mai	Juni	Juli
BFI	0,10	0,25	1,00	2,00	3,50	5,00	2,50
MJ PAR /m²	83,00	40,00	120,00	187,00	248,00	246,00	253,00
CGR g/m²/M	3,32	4,00	55,20	201,96	520,80	787,20	379,50
CGR g/m²/d	0,11	0,13	1,78	6,73	16,80	26,24	12,24
Liter / kg	6723,71	1544,32	385,38	312,18	232,91	190,22	437,11
Liter / m²	22,32	6,18	21,27	63,05	121,30	149,74	165,88
Faktor Haude	0,68	0,45	0,91	1,21	1,55	1,86	1,92

Bis Mitte Juli **Liter ges.** 460,63 **TRS ges. in kg /m²** 1,76 **Liter / kg** 270,96

Tab. 7.2.4: Berechnungsschablone für Triticale, Leinetalgraben

	Oktober	November	März	April	Mai	Juni	Juli
BFI	0,10	0,25	1,00	2,00	3,50	5,00	2,50
MJ PAR /m²	83,00	39,00	119,00	187,00	248,00	247,00	254,00
CGR g/m²/M	3,32	3,90	54,74	201,96	520,80	790,40	381,00
CGR g/m²/d	0,11	0,13	1,77	6,73	16,80	26,35	12,29
Liter / kg	6682,64	1562,94	388,12	311,58	232,49	189,07	434,59
Liter / m²	22,19	6,10	21,25	62,93	121,08	149,44	165,58
Faktor Haude	0,68	0,45	0,91	1,21	1,55	1,86	1,92

Bis Mitte Juli **Liter ges.** 459,67 **TRS ges. in kg /m²** 1,76 **Liter / kg** 270,40

Tab. 7.2.5: Berechnungsschablone für Triticale, Weser-Leine

	Oktober	November	März	April	Mai	Juni	Juli
BFI	0,10	0,25	1,00	2,00	3,50	5,00	2,50
MJ PAR /m²	85,00	42,00	122,00	188,00	248,00	247,00	253,00
CGR g/m²/M	3,40	4,20	56,12	203,04	520,80	790,40	379,50
CGR g/m²/d	0,11	0,14	1,81	6,77	16,80	26,35	12,24
Liter / kg	6565,51	1470,78	380,52	310,76	233,44	189,69	437,42
Liter / m²	22,32	6,18	21,35	63,10	121,58	149,93	166,00
Faktor Haude	0,68	0,45	0,91	1,21	1,55	1,86	1,92

Bis Mitte Juli **Liter ges.** 461,28 **TRS ges. in kg /m²** 1,76 **Liter / kg** 271,34

Tab. 7.2.6: Berechnungsschablone für Triticale, Grundwasserböden

	Oktober	November	März	April	Mai	Juni
BFI	0,10	0,25	1,00	2,00	3,50	5,00
MJ PAR /m²	90,80	41,85	125,43	191,30	250,63	250,65
CGR g/m²/M	3,63	4,19	57,70	206,60	526,32	827,15
CGR g/m²/d	0,12	0,14	1,86	6,89	16,98	27,57
Liter / kg	6143,78	1474,15	370,27	305,60	231,14	181,38
Liter / m²	22,31	6,17	21,36	63,14	121,66	150,03
Faktor Haude	0,68	0,45	0,91	1,21	1,55	1,86

Bis Anfang
Juni Liter ges. 303,49 TRS ges. in kg /m² 1,21 Liter / kg 251,27

Tab. 7.2.7: Berechnungsschablone für Mais, Hahletal

	Juni	Juli	August	September	Oktober
BFI	0,75	3,50	5,00	4,00	2,00
MJ PAR /m²	247,00	255,00	217,50	141,00	82,00
CGR g/m²/M	111,15	660,45	870,00	417,36	108,24
CGR g/m²/d	3,71	21,30	28,06	13,91	3,49
Liter / kg	862,17	212,38	152,31	197,66	208,38
Liter / m²	95,83	140,26	132,51	82,49	22,55
Faktor Haude	1,18	1,62	1,52	1,52	0,68

Bis Ende Oktober Liter ges. 462,38 TRS ges. in kg/m² 2,11 Liter / kg 218,82

Tab. 7.2.8: Berechnungsschablone für Mais, Leinetal-Ost

	Juni	Juli	August	September	Oktober
BFI	0,75	3,5	5	4	2
MJ PAR /m²	250,65	247,79	217,50	139,94	83,04
CGR g/m²/M	112,79	641,78	870,00	414,22	109,61
CGR g/m²/d	3,76	20,70	28,06	13,81	3,54
Liter / kg	842,50	217,12	150,64	196,91	202,47
Liter / m²	95,03	139,34	131,05	81,57	22,19
Faktor Haude	1,18	1,62	1,52	1,52	0,68

Bis Ende Oktober Liter ges. 458,09 TRS ges. in kg/m² 2,09 Liter / kg 218,80

Tab. 7.2.9: Berechnungsschablone für Mais, Leinetalgraben

	Juni	Juli	August	September	Oktober
BFI	0,75	3,50	5,00	4,00	2,00
MJ PAR /m²	250,65	247,79	217,50	139,94	83,04
CGR g/m²/M	112,79	641,78	870,00	414,22	109,61
CGR g/m²/d	3,76	20,70	28,06	13,81	3,54
Liter / kg	840,83	216,72	150,39	196,73	202,41
Liter / m²	94,84	139,08	130,84	81,49	22,19
Faktor Haude	1,18	1,62	1,52	1,52	0,68

Bis Ende Oktober **Liter ges.** 457,35 **TRS ges. in kg/m²** 2,09 **Liter / kg** 218,04

Tab. 7.2.10: Berechnungsschablone für Mais, Weser-Leine

	Juni	Juli	August	September	Oktober
BFI	0,75	3,50	5,00	4,00	2,00
MJ PAR /m²	250,65	247,79	217,50	139,94	83,04
CGR g/m²/M	112,79	641,78	870,00	414,22	109,61
CGR g/m²/d	3,76	20,70	28,06	13,81	3,54
Liter / kg	843,55	217,27	151,02	197,57	203,65
Liter / m²	95,15	139,44	131,39	81,84	22,32
Faktor Haude	1,18	1,62	1,52	1,52	0,68

Bis Ende Oktober **Liter ges.** 458,98 **TRS ges. in kg/m²** 2,09 **Liter / kg** 219,23

Tab. 7.2.11: Berechnungsschablone für Mais, Grundwasserböden

	Juni	Juli	August	September	Oktober
BFI	0,25	2,50	4,00	5,00	3,50
MJ PAR /m²	250,65	247,79	217,50	139,94	83,04
CGR g/m²/M	35,09	433,63	661,20	559,76	215,07
CGR g/m²/d	1,17	13,99	21,33	18,66	6,94
Liter / kg	2713,42	321,79	198,80	146,23	103,76
Liter / m²	95,22	139,54	131,45	81,85	22,32
Faktor Haude	1,18	1,62	1,52	1,52	0,68

Bis Ende Oktober **Liter ges.** 470,37 **TRS ges. in kg/m²** 1,80 **Liter / kg** 261,72

Tab. 7.2.12: ETK-Werte für Triticale in Litern pro kg produzierter

	Oktober	November	März	April	Mai	Juni	Juli
Weser-Leine	5532	1328	333	366	243	187	670
Leinetalgr	5498	1311	331	365	242	186	668
Hahletal	5589	1356	337	369	245	183	674
Leinetal-Ost	5532	1328	332	366	242	187	669

Tab. 7.2.13: ETK-Werte für Mais in Litern pro kg produzierter TRS

	Juni	Juli	August	September	Oktober
Weser-Leine	937	244	163	253	498
Leinetalgr	934	243	163	252	297
Hahletal	944	245	165	255	302
Leinetal-Ost	936	243	163	252	297

Tab. 7.2.16: RUE-Werte in Gramm pro MJ

	Triticale	Mais
März	2,30	
April	2,70	
Mai	3,00	
Juni	3,30	2,70
Juli	3,00	3,30
August		3,70
September		3,30
Oktober	2,00	3,00
November	2,00	

Tab. 7.2.14: ETK-Werte für die Grundwasserböden in Litern pro kg produzierter

	März	April	Mai	Juni
Mais				2713
Triticale	333	275	208	163
	Juli	**August**	**September**	**Oktober**
Mais	322	199	146	104
Triticale	402			

Abb. 7.2.15: Blattflächenindexwerte für Mais und Triticale

	Oktober	November	März	April	Mai
Triticale	0,1	0,25	1	1,5	3
Mais Früh					
Mais Spät					
	Juni	**Juli**	**August**	**September**	**Oktober**
Triticale	5	2,5			
Mais Früh	0,75	3,5	5	4	2
Mais Spät	0,25	2,5	4	5	3,5

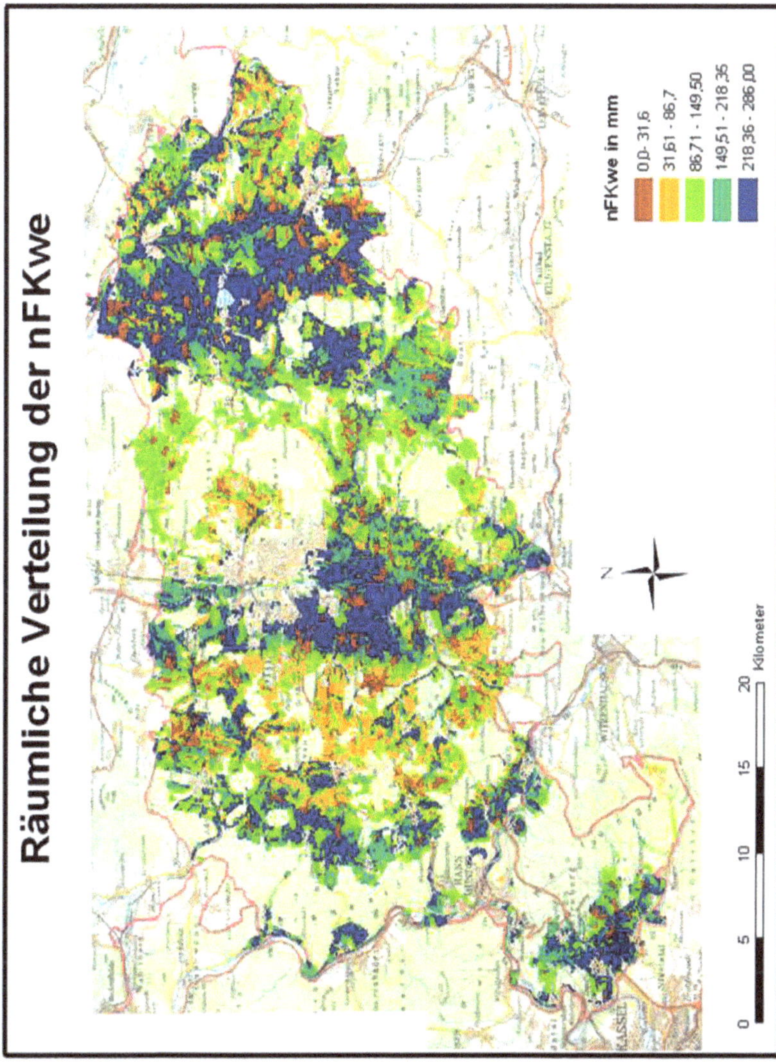

Abb. 9.1.1: Nutzbare Feldkapazität im effektiven Wurzelraum der Pflanzen. Quelle: Eigene Darstellung

Triticale, Hahletal

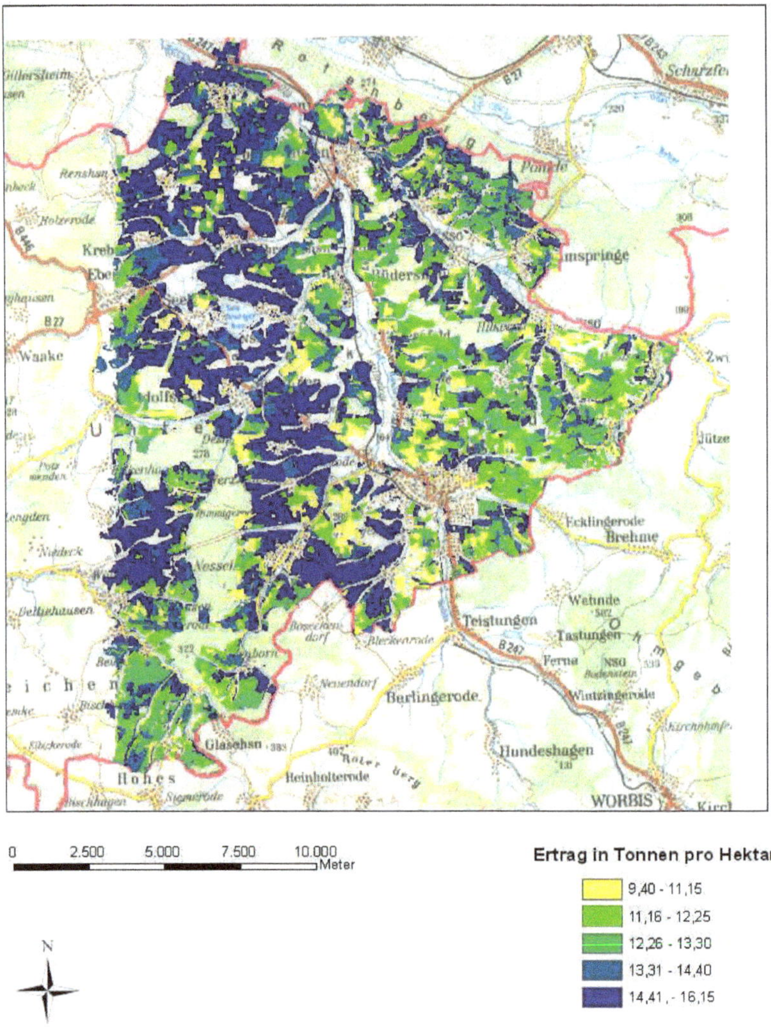

Ertragskarte 9.1.1: Triticaleerträge im Gebiet Hahletal

Triticale, Leinetal-Ost

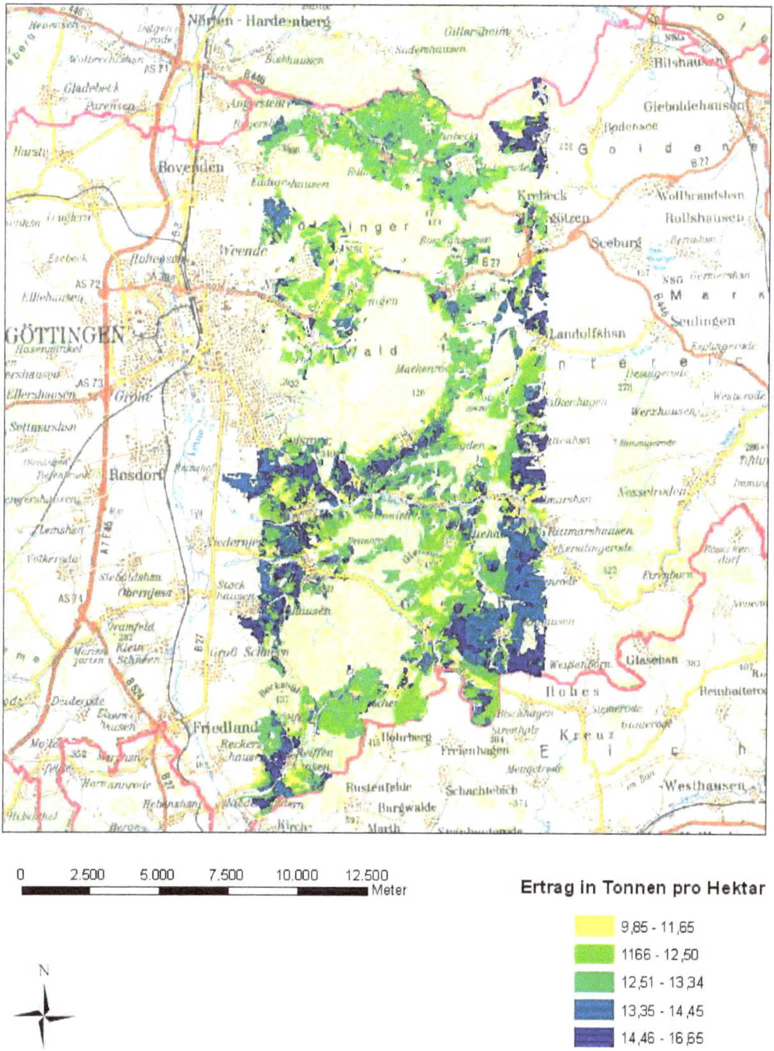

Ertragskarte 9.1.2: Triticaleerträge im Gebiet Leinetal-Ost

Triticale, Leinetalgraben

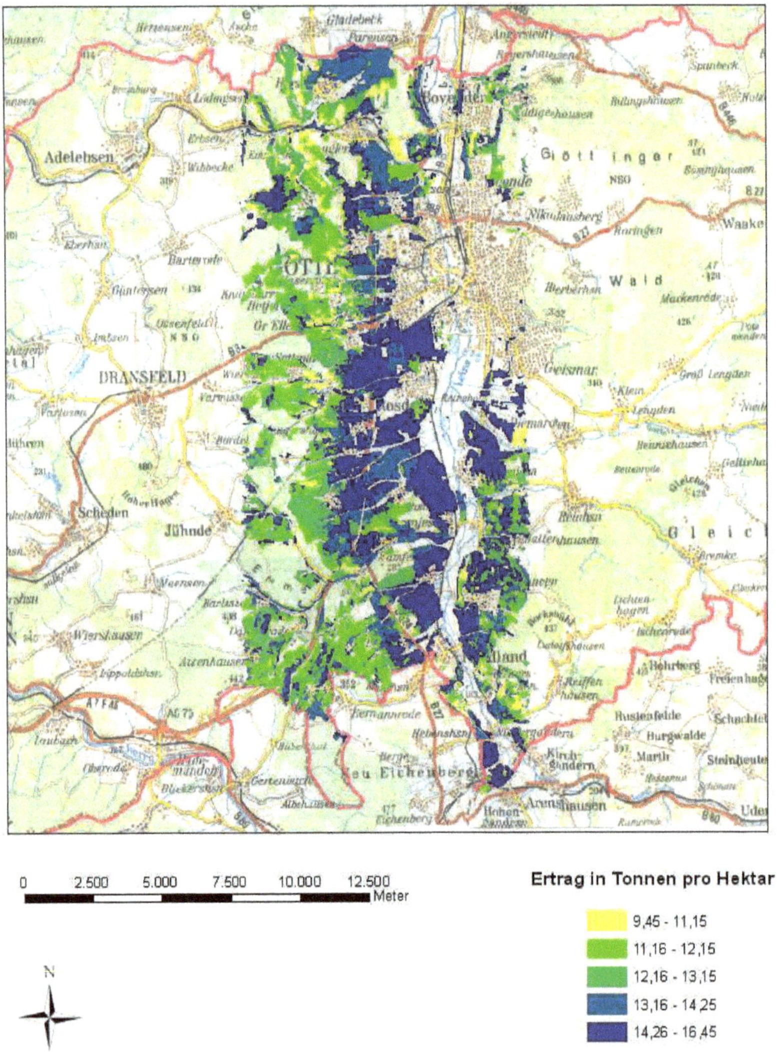

Ertragskarte 9.1.3: Triticaleerträge im Gebiet Leinetalgra-

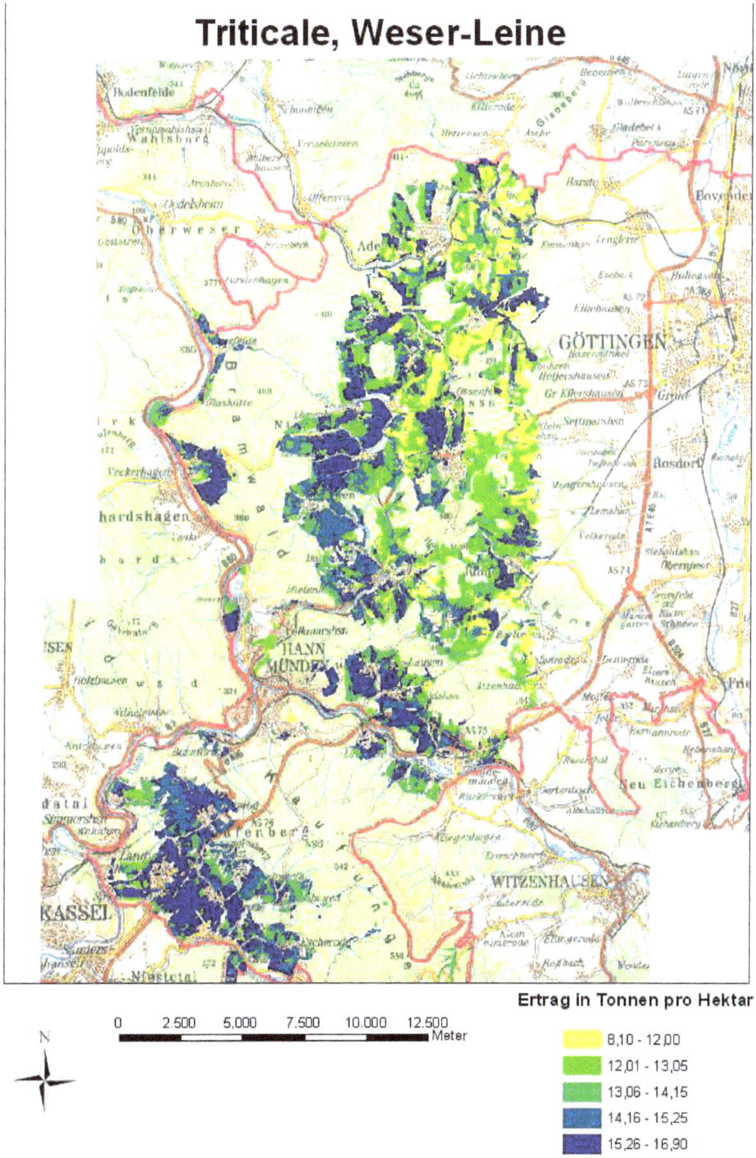

Ertragskarte 9.1.4: Triticaleerträge im Gebiet Weser-Leine

Mais, Hahletal

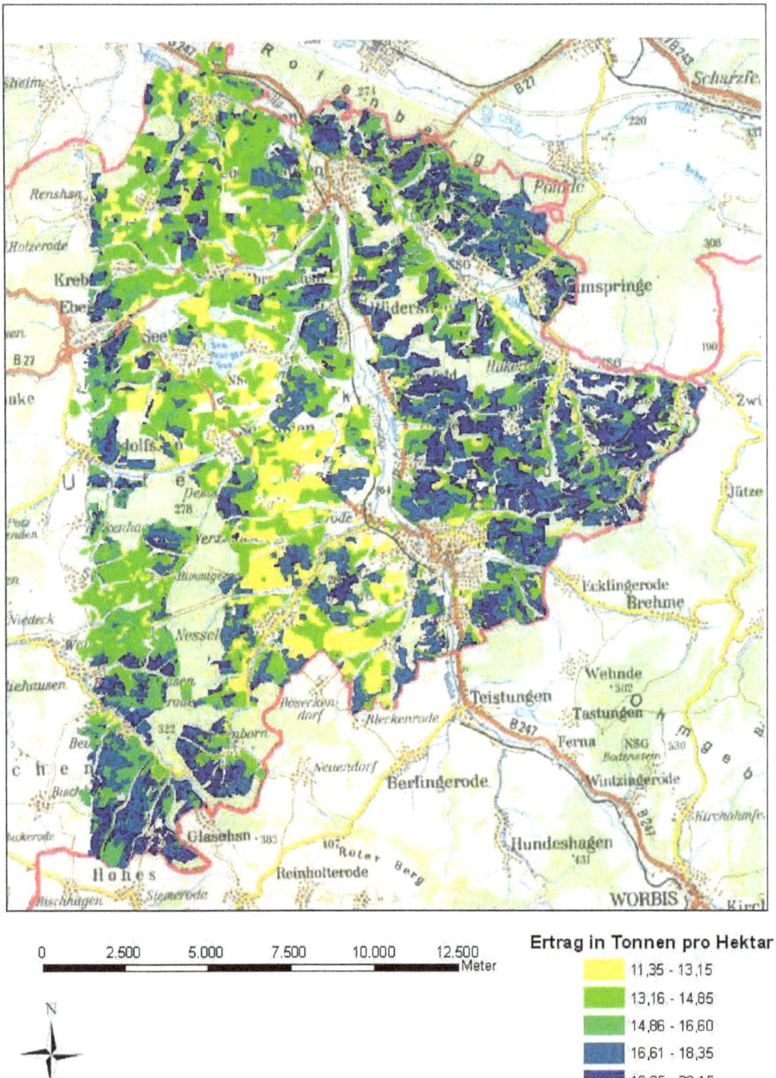

Ertragskarte 9.2.1: Maiserträge im Gebiet Hahletal

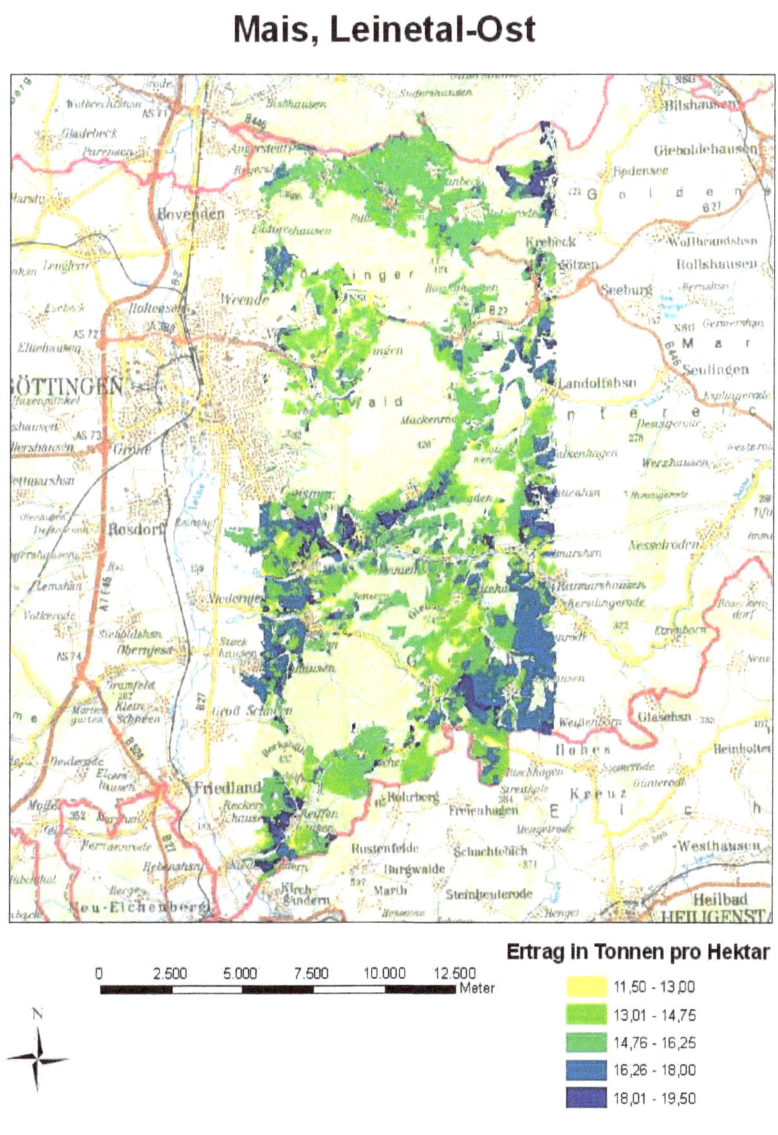

Ertragskarte 9.2.2: Maiserträge im Gebiet Leinetal-Ost

Mais, Leinetalgraben

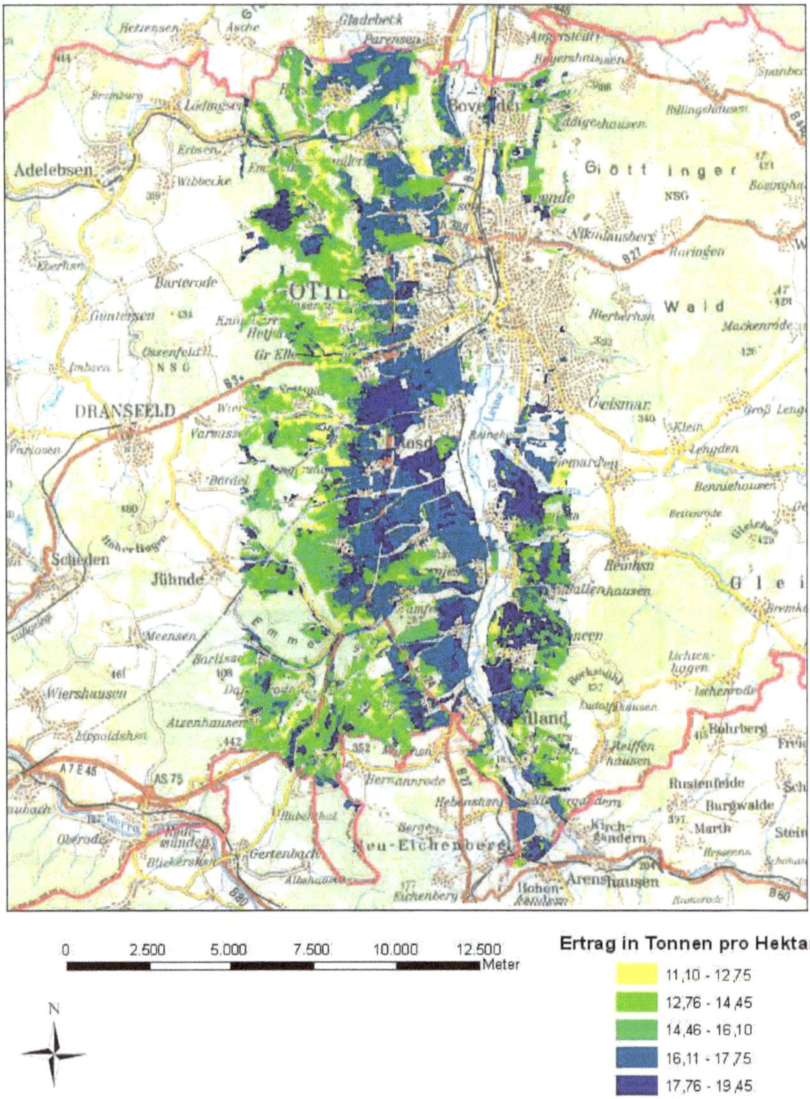

Ertragskarte 9.2.3: Maiserträge im Gebiet Leinetalgraben

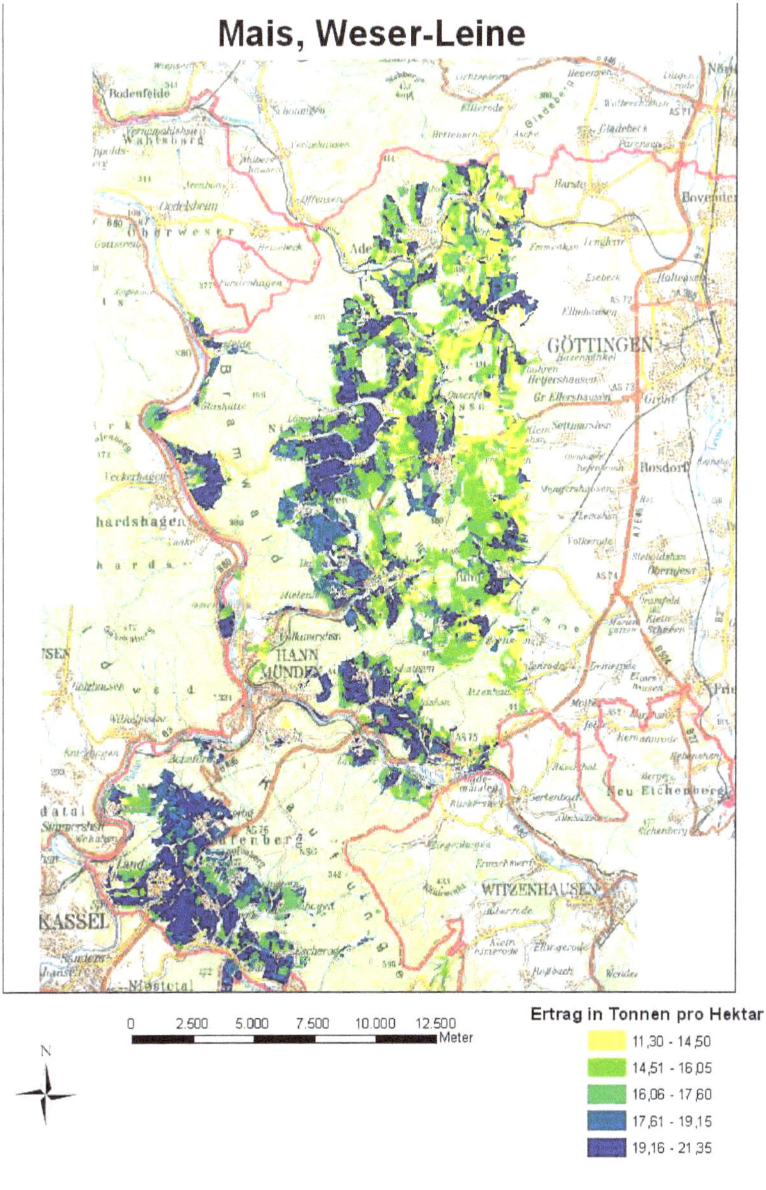

Ertragskarte 9.2.4: Maiserträge im Gebiet Weser-Leine

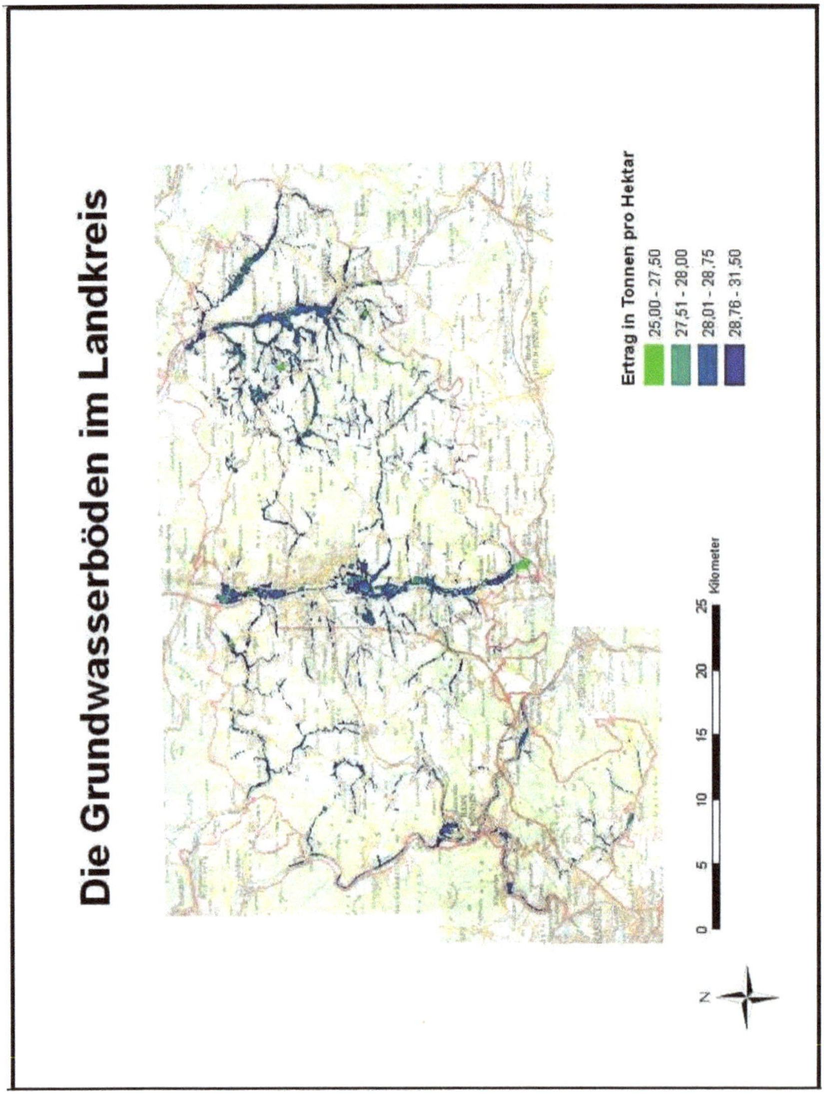

Abb. 10.3.5,: Maximal möglicher Ertrag auf den G-Böden

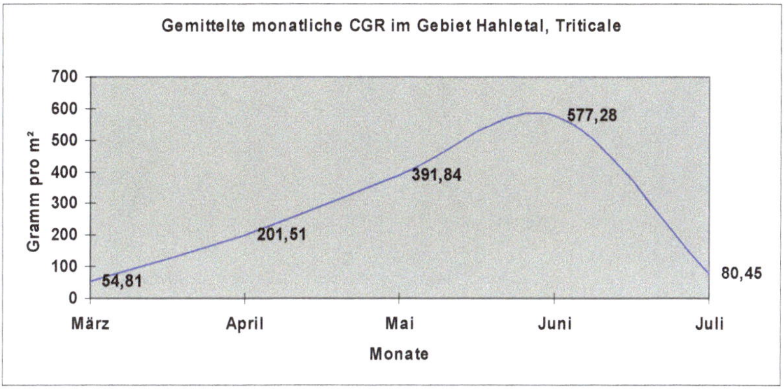

Abb. 10.1.1: Monatliche *crop growth rate* in Gramm pro m² für Triticale im Gebiet Hahletal

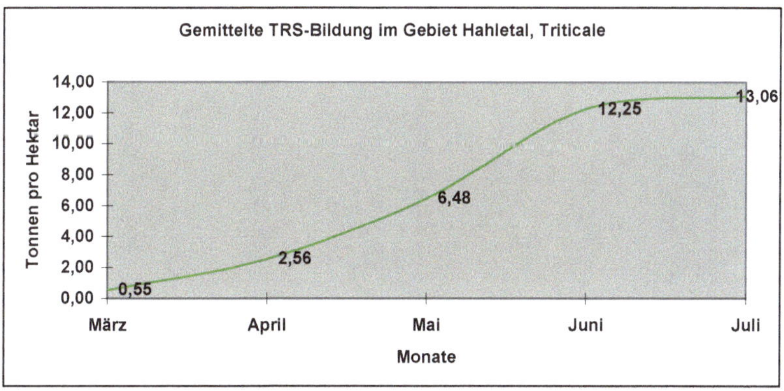

Abb. 10.1.2: Trockensubstanzbildung in Tonnen pro Hektar für Triticale im Gebiet Hahletal

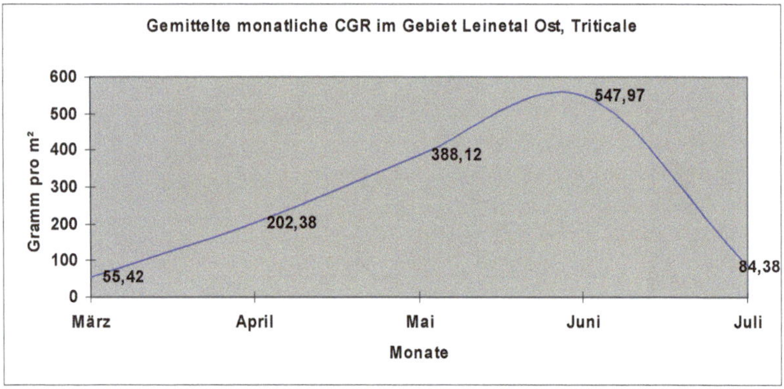

Abb. 10.1.3: Monatliche *crop growth rate* in Gramm pro m² für Triticale im Gebiet Leinetal-Ost

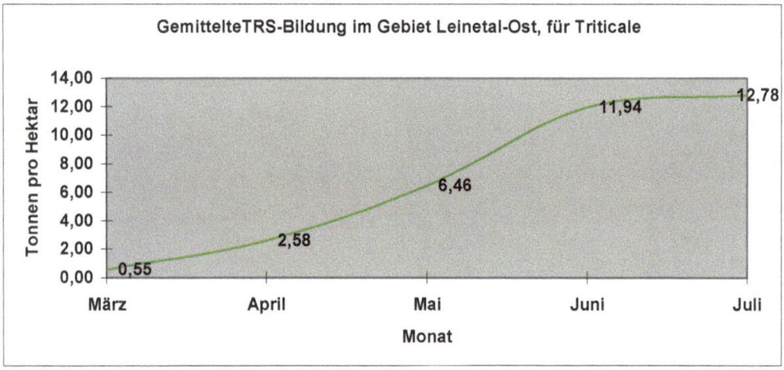

Abb. 10.1.4: Trockensubstanzbildung in Tonnen pro Hektar für Triticale im Gebiet Leinetal-Ost

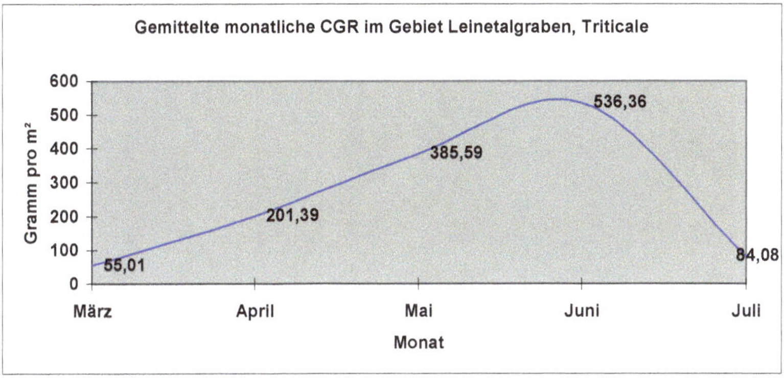

Abb. 10.1.5: Monatliche *crop growth rate* in Gramm pro m² für Triticale im Gebiet Leinetalgraben

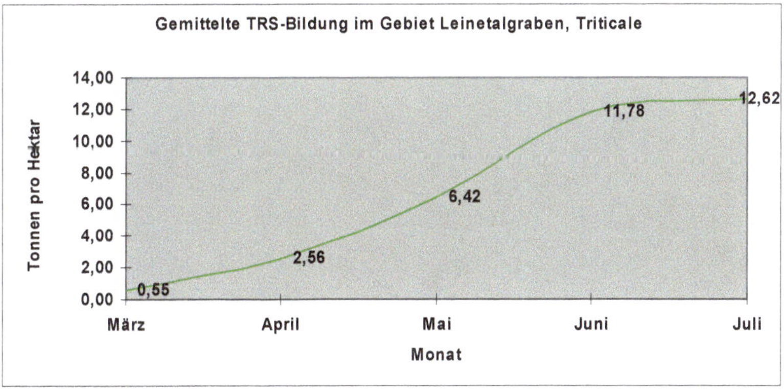

Abb. 10.1.6: Trockensubstanzbildung in Tonnen pro Hektar für Triticale im Gebiet Leinetalgraben

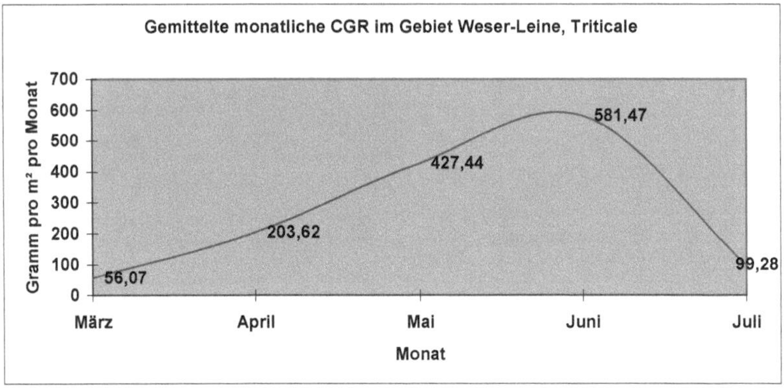

Abb. 10.1.7: Monatliche *crop growth rate* in Gramm pro m² für Triticale im Gebiet Weser-Leine

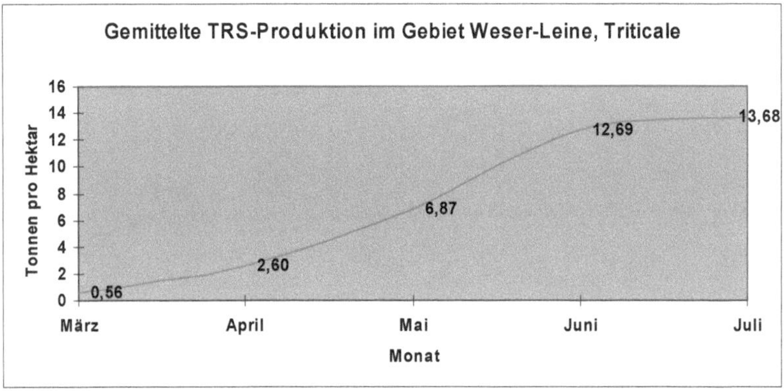

Abb. 10.1.8: Trockensubstanzbildung in Tonnen pro Hektar für Triticale im Gebiet Weser-Leine

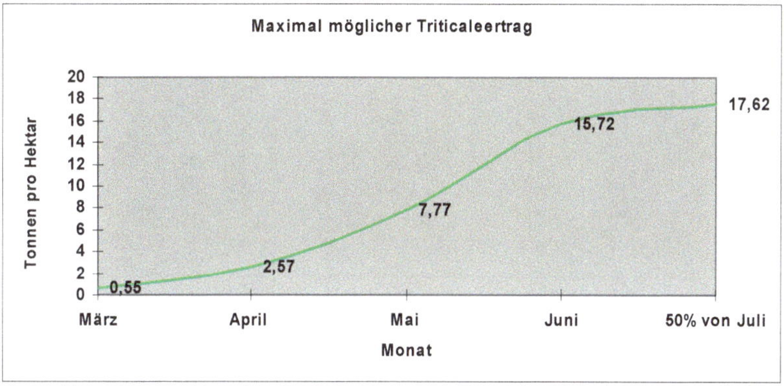

Abb. 10.1.9: Maximal möglicher Triticaleertrag in Tonnen pro Hektar bei gegebenem Strahlungsangebot

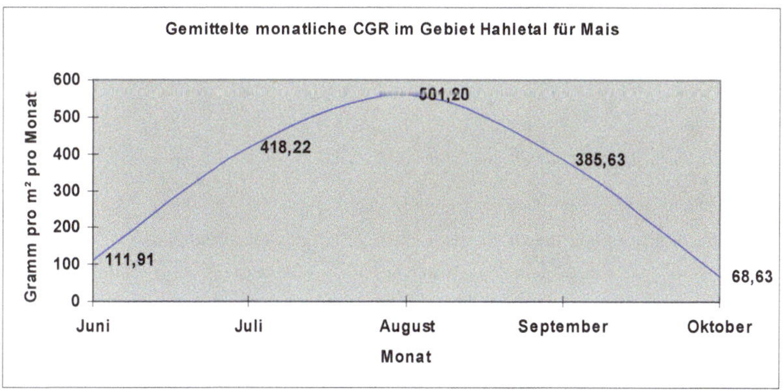

Abb. 10.2.1: Monatliche *crop growth rate* in Gramm pro m² für Mais im Gebiet Weser-Leine

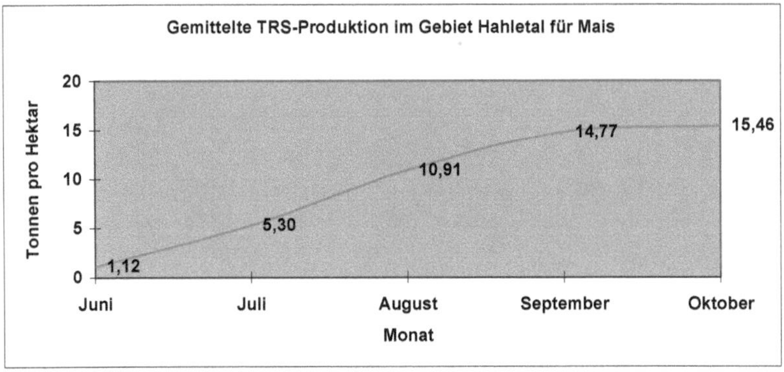

Abb. 10.2.2: Trockensubstanzbildung in Tonnen pro Hektar für Mais im Gebiet Hahletal

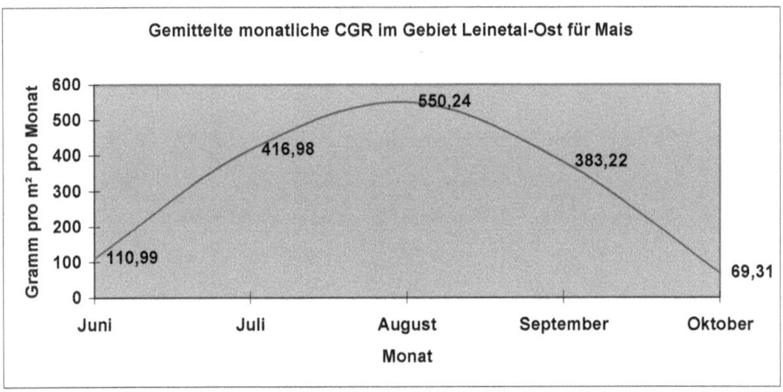

Abb. 10.2.3: Monatliche *crop growth rate* in Gramm pro m² für Mais im Gebiet Leinetal-Ost

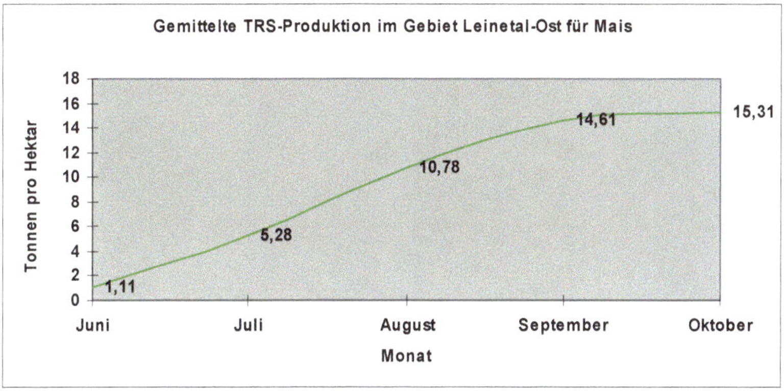

Abb. 10.2.4: Trockensubstanzbildung in Tonnen pro Hektar für Mais im Gebiet Leinetal-Ost

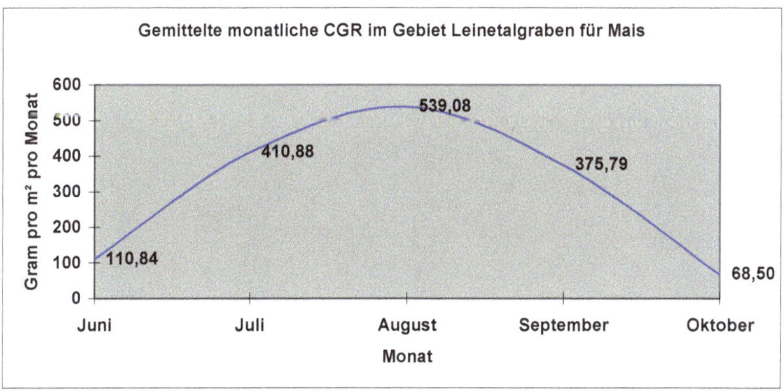

Abb. 10.2.5: Monatliche *crop growth rate* in Gramm pro m^2 für Mais im Gebiet Leinetalgraben

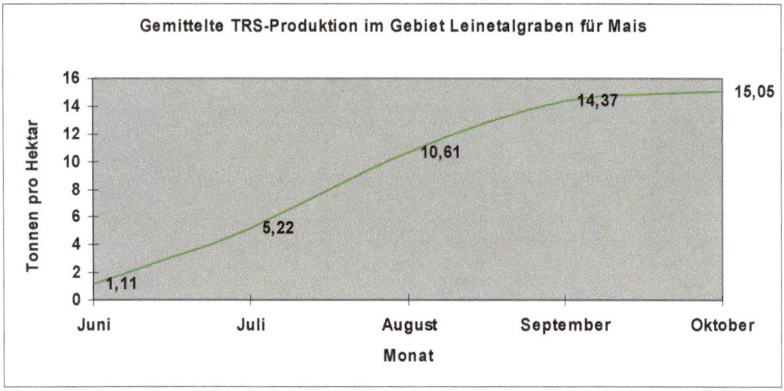

Abb. 10.2.6: Trockensubstanzbildung in Tonnen pro Hektar für Mais im Gebiet Leinetalgraben

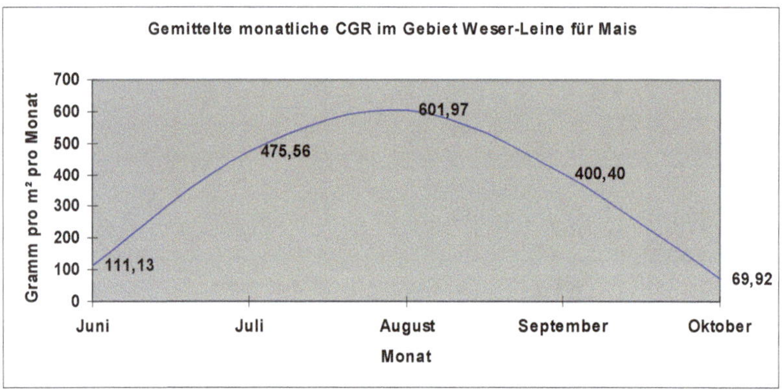

Abb. 10.2.7: Monatliche *crop growth rate* in Gramm pro m² für Mais im Gebiet Weser-Leine

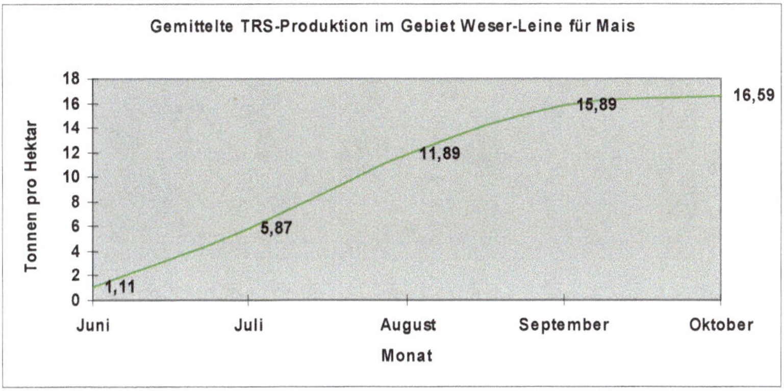

Abb. 10.2.8: Trockensubstanzbildung in Tonnen pro Hektar für Mais im Gebiet Weser-Leine

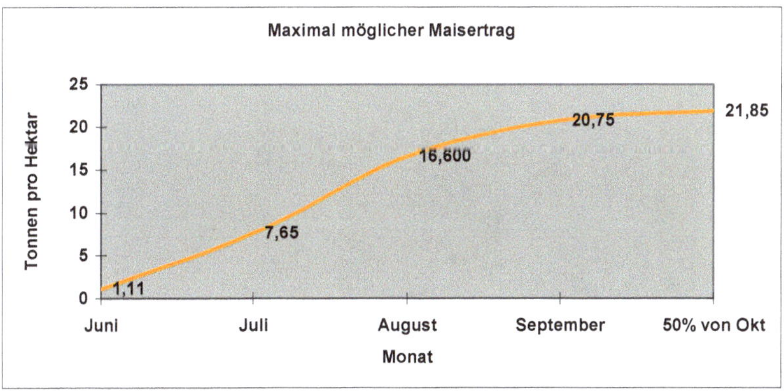

Abb. 10.2.9: Maximal möglicher Maisertrag in Tonnen pro Hektar bei gegebenem Strahlungsangebot

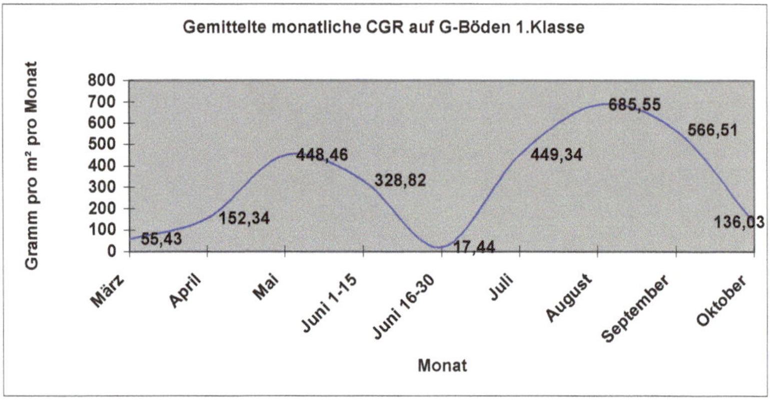

Abb. 10.3.1: Monatliche *crop growth rate* in Gramm pro m² auf den Grundwasserböden 1. Klasse

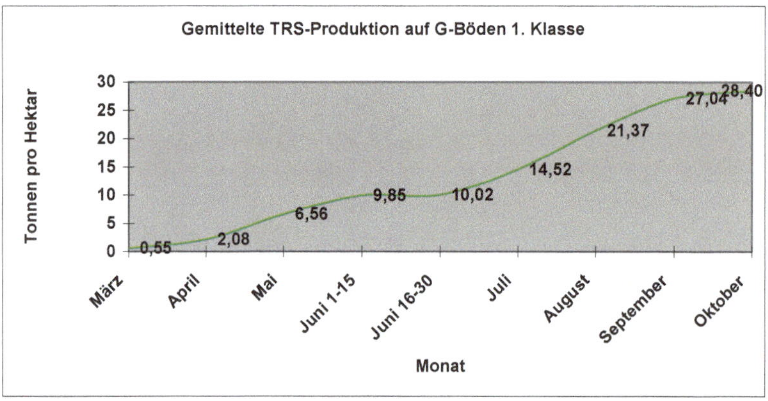

Abb. 10.3.2: Trockensubstanzbildung in Tonnen pro Hektar auf den Grundwasserböden 1. Klasse

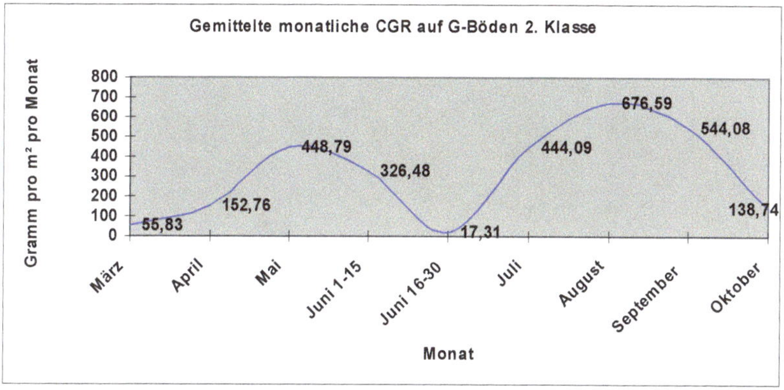

Abb. 10.3.3: Monatliche *crop growth rate* in Gramm pro m² auf den Grundwasserböden 2. Klasse

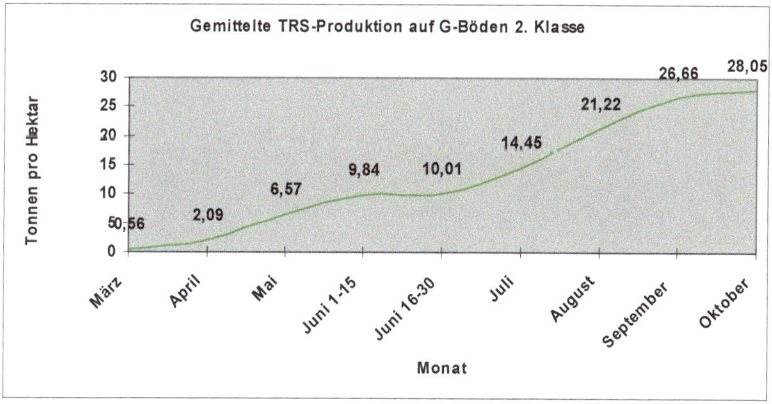

Abb. 10.3.4: Trockensubstanzbildung in Tonnen pro Hektar auf den Grundwasserböden 2. Klasse

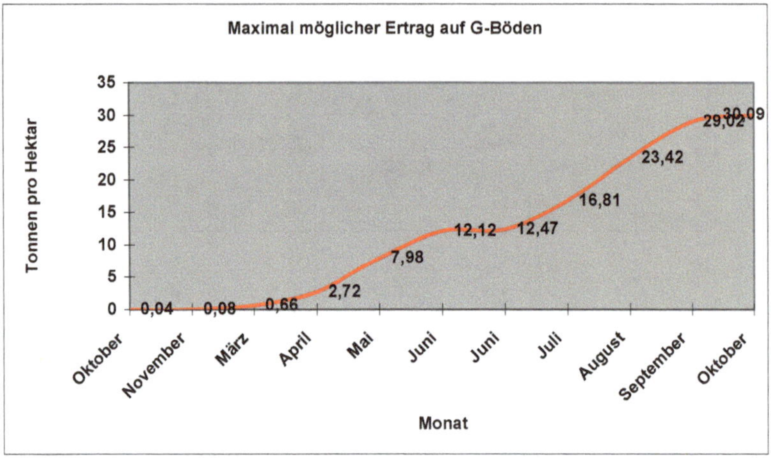

Abb. 10.3.5: Maximal möglicher in Tonnen pro Hektar auf den Grundwasserböden bei gegebenem Strahlungsangebot

Erträge, Jühnde

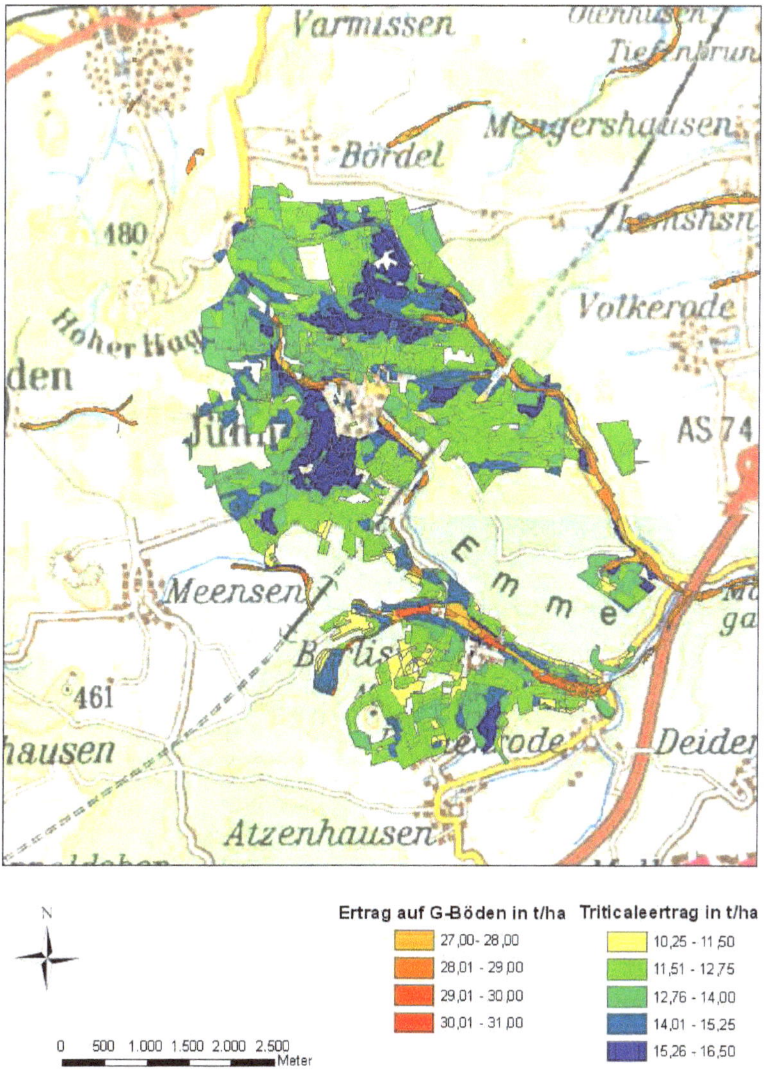

Ertragskarte 11.1.1: Triticale- und Grundwasserbödenerträge in der Gemeinde Jühnde

Erträge, Jühnde

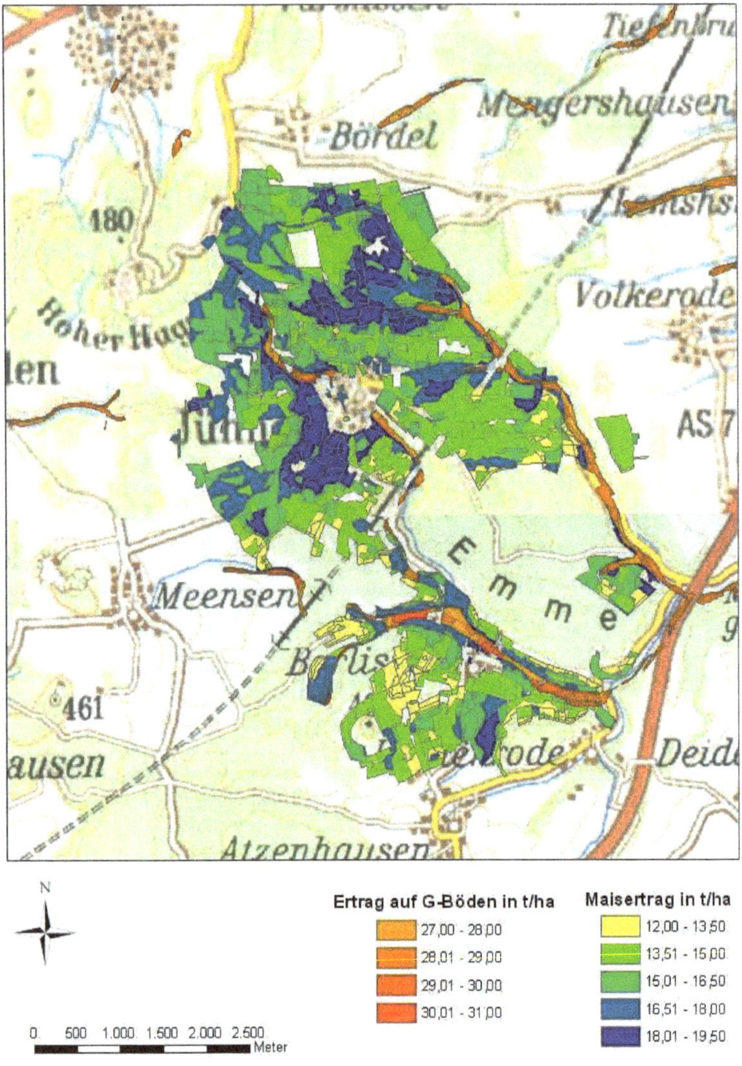

Ertragskarte 11.1.2: Mais- und Grundwasserbödenerträge in der Gemeinde Jühnde

Erträge, Krebeck

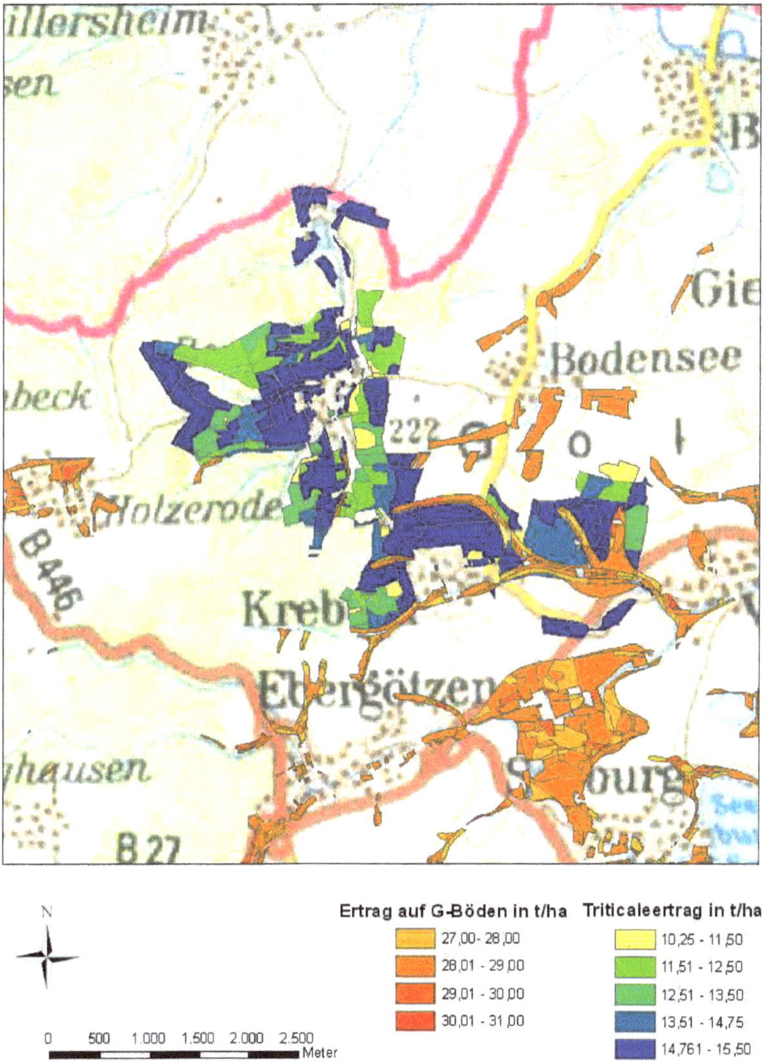

Ertragskarte 11.2.1: Triticale- und Grundwasserbödenerträge in der Gemeinde Krebeck

Erträge, Krebeck

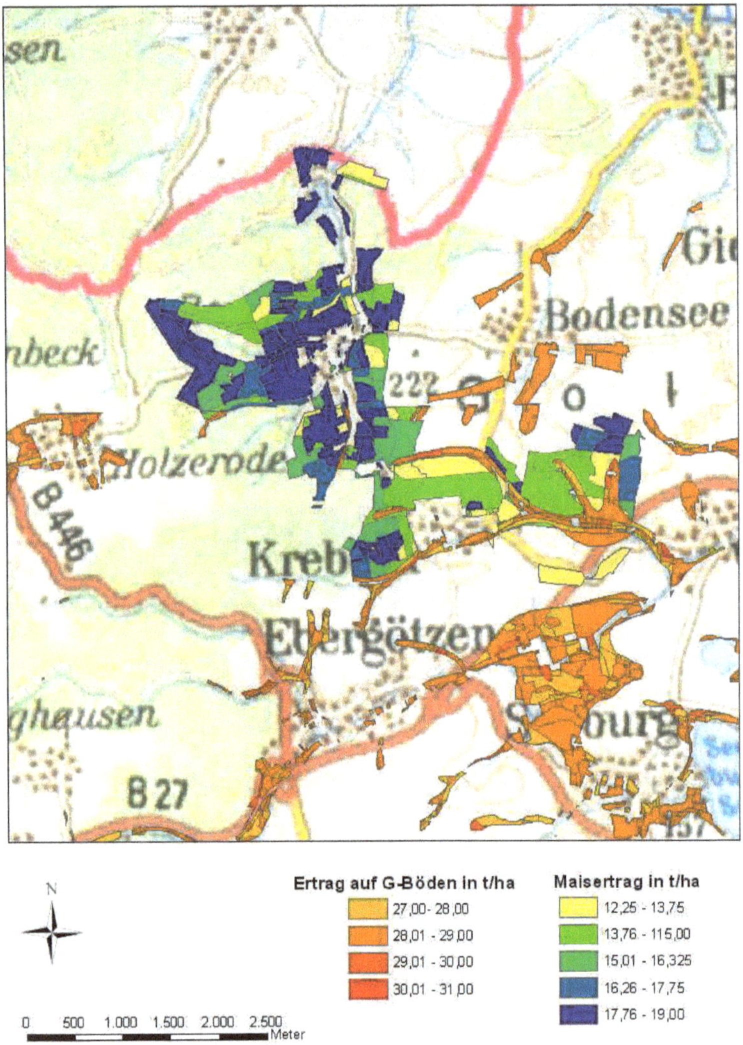

Ertragskarte 11.2.2: Mais- und Grundwasserbödenerträge in der Gemeinde Krebeck

Erträge, Landolfshausen

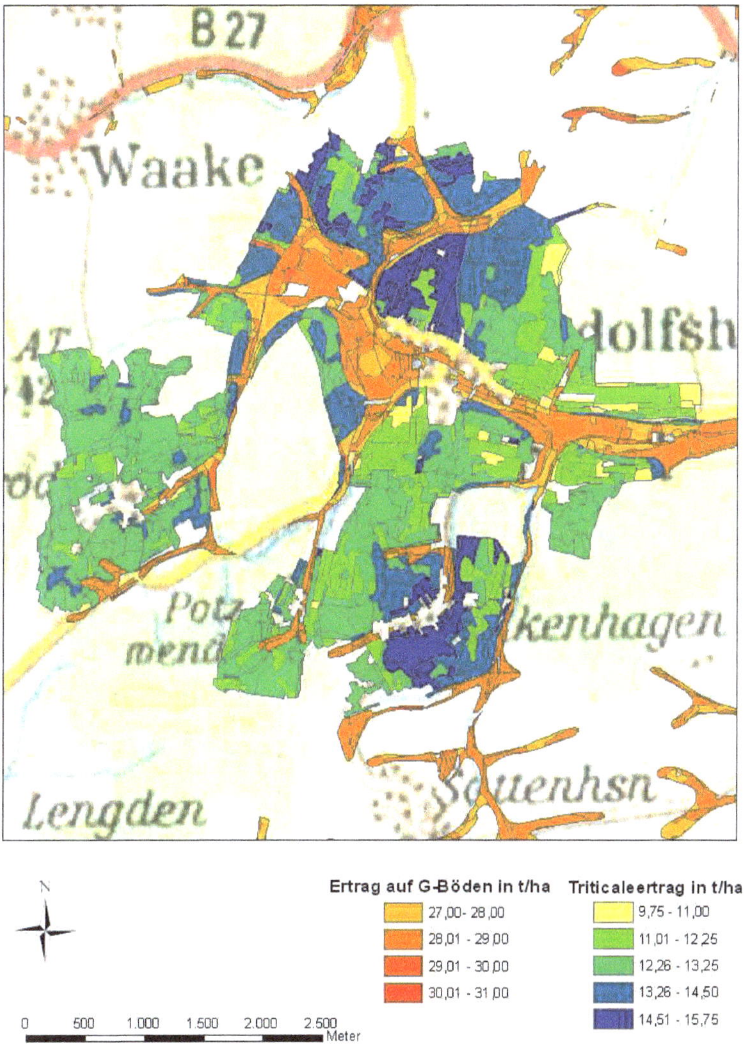

Ertragskarte 11.3.1: Triticale- und Grundwasserbödenerträge in der Gemeinde Landolfshausen

Erträge, Landofshausen

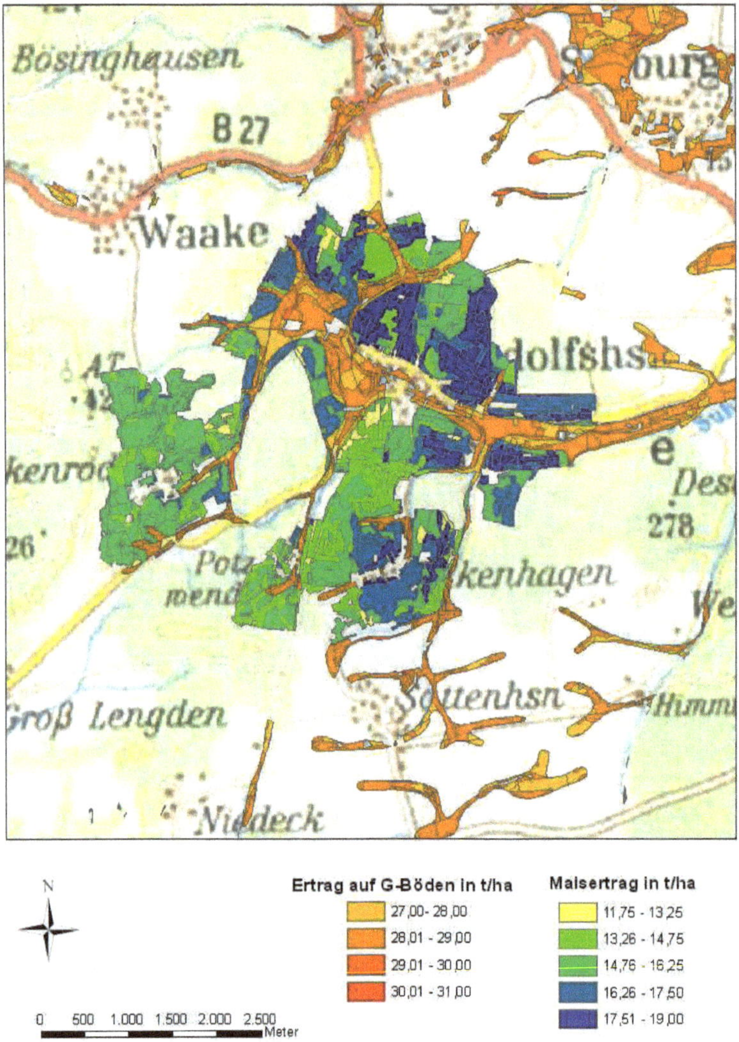

Ertragskarte 11.3.2: Mais- und Grundwasserbödenerträge in der Gemeinde Landolfshausen

Erträge, Wollbrandshausen

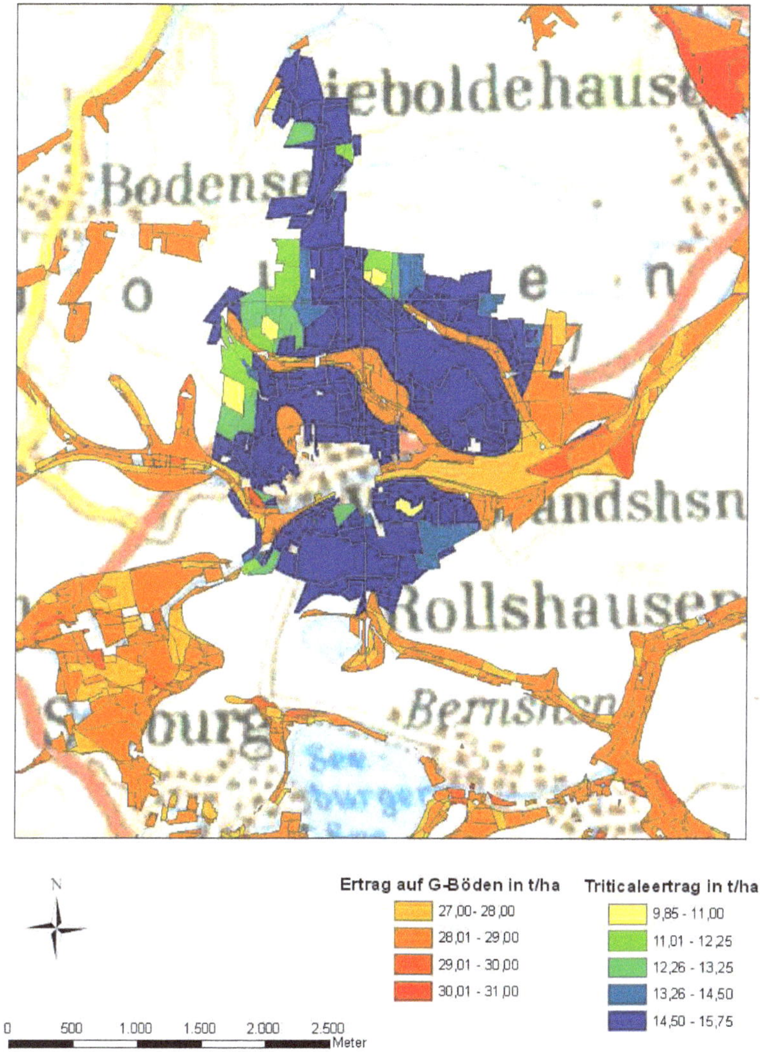

Ertragskarte 11.4.1: Triticale- und Grundwasserbödenerträge in der Gemeinde Wollbrandshausen

Erträge, Wollbrandshausen

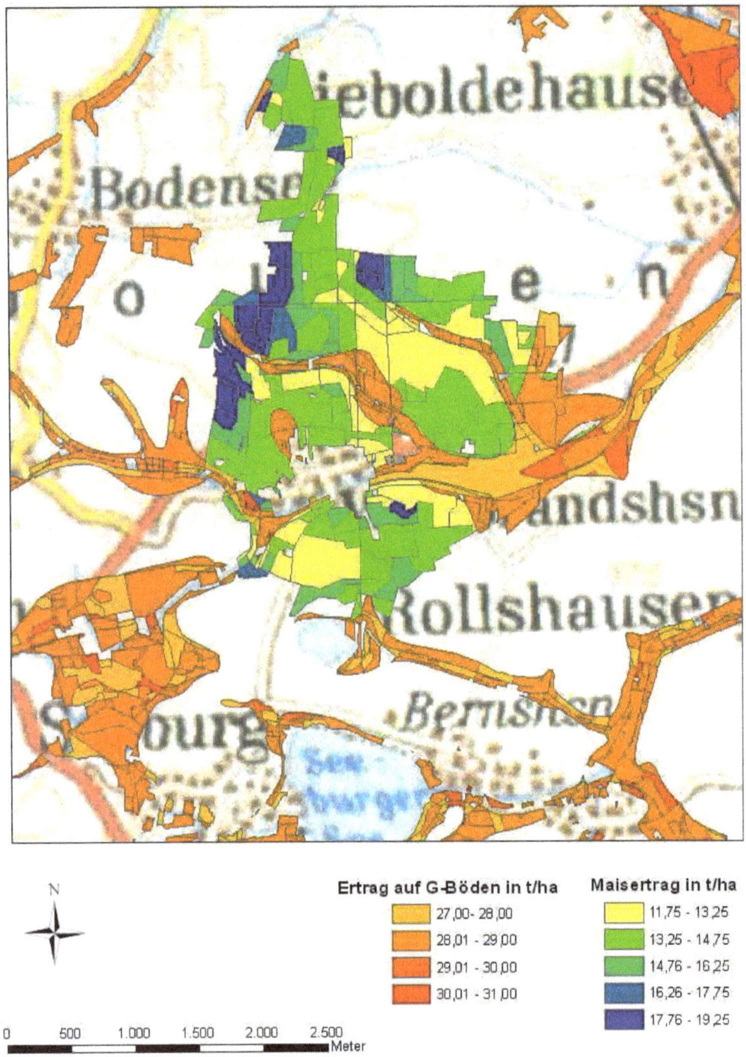

Ertragskarte 11.4.2: Mais- und Grundwasserbödenerträge in der Gemeinde Wollbrandshausen

15. Abbildungsverzeichnis

Abb. 2.1: Karte der Gemeinden des Landkreises
Abb. 2.2.1: Geologische Übersichtskarte
Abb. 2.2.2, Anhang: Jahresdurchschnittstemperaturen
Abb. 2.2.3, Anhang: Jahresniederschläge
Abb. 2.2.4, Anhang: Reliefdarstellung mittels Schummerung
Abb. 2.2.5, Anhang: Strahlungsgenuss der Flächen
Abb. 2.2.6, Anhang: Bodentypenkarte
Abb. 2.2.7, Anhang: Bodengüte nach Ackerzahlen
Abb. 4.4.1: Abfallen der Photosyntheserate bei Wassermangel
Abb. 4.5.1: Lichtkurven versch. Pflanzen
Abb. 4.6.1: CO2-Assimilationsraten in Abh. Von der Temperatur
Abb. 5.2: Lysimeteranlage
Abb. 5.2.1: Lichtinterzeption in Abh. Vom BFI
Abb. 5.3.1: Maisertrag in Abh. Von Düngung und Beregnung
Abb. 6.1.1: Klimatische Wasserbilanzkarte der BRD
Abb. 6.1.2: Monate mit Strahlungs- oder Niederschlagsdefizit
Abb. 6.2.3: Der Geländewinkel
Abb. 7.1.1: CGR, NAR und TRS-Bildung
Abb. 7.1.2: Verlaufskurve von BFI und Transpiration
Abb. 7.1.3: Verlaufskurve von Transpiration bei Kartoffeln
Abb. 7.1.4: BFI-Entwicklung bei Maissorten
Abb. 7.1.5: RUE-Entwicklung bei Maissorten
Abb. 7.1.6: CGR-, BFI- und Transpirationsentwicklung
Abb. 7.1.7: CGR-, BFI- und Transpirationsentwicklung bei Wassermangel
Abb. 7.1.8: Abfallen der T-Rate mit sinkendem Matrixpotential
Abb. 7.1.9: Schrittweise Entleerung des Bodenwasserspeichers
Abb. 7.4.1: Korrelation zwischen Bodengüte und Triticaleertrag
Abb. 7.4.2: Korrelation Ackerzahl und Mais
Abb. 7.4.3: Korrelation Ackerzahl und Triticale
Abb. 9.1.1, Anhang: Räumliche Verteilung der nFKwe
Abb. 10.1.1 bis 10.1.8, Anhang: Ertragsverlaufskurven für Triticale
Abb. 10.1.9, Anhang: Maximal möglicher Triticaleertrag

Abb. 10.2.1 bis 10.2.8, Anhang: Ertragsverlaufskurven für Mais
Abb. 10.2.9, Anhang: Maximal möglicher Maisertrag
Abb. 10.3.1 und 10.3.2, Anhang: Ertragsverlaufskurven für G-Böden 1. Klasse
Abb. 10.3.3 und 10.3.4, Anhang: Ertragsverlaufskurven für G-Böden 2. Klasse
Abb. 10.3.5, Anhang: Maximal möglicher Ertrag auf den G-Böden

16. Kartenverzeichnis

Ertragskarten 9.1.1 bis 9.1.4, Anhang: Triticaleerträge der vier Gebiete
Ertragskarten 9.2.1 bis 9.2.4, Anhang: Maiserträge der vier Gebiete
Ertragskarte 9.3.1, Anhang: Erträge auf den Grundwasserböden
Ertragskarten 11.1.1 und 11.1.2, Anhang: Triticale- und Maiserträge für Jühnde
Ertragskarten 11.2.1 und 11.2.2, Anhang: Triticale- und Maiserträge für Krebeck
Ertragskarten 11.3.1 und 11.3.2, Anhang: Triticale- und Maiserträge für Landofshausen
Ertragskarten 11.4.1 und 11.4.2, Anhang: Triticale- und Maiserträge für Wollbrandshausen

17. Tabellenverzeichnis

Tab. 7.1.1 und 7.1.2: EC-Skalen für Mais und Triticale
Tab. 7.1.3 und 7.1.4: Umrechnungstabellen für ETPHaude für Mais und Triticale
Tab. 7.1.5 und 7.1.6: Berechnungsschablonen für Triticale und Mais
Tab. 7.1.7 und 7.1.8: ETP-Korrekturtabellen für Mais und Triticale
Tab. 7.2.1: Berechnungsspalten
Tab. 7.4.1: Korrelationen für Triticaleerträge
Tab. 9.1.1: Triticaleerträge der vier Gebiete
Tab. 9.1.2: PAR-Werte
Tab. 9.2.1: Maiserträge der vier Gebiete
Tab. 9.2.2: Statistischer Vergleich der vier Gebiete
Tab. 9.3.1: Erträge auf den Grundwasserböden

Tab. 11.1: Erträge in den vier Gemeinden
Tab. 12.1: Potentielle Biomasseerträge

18. Literaturverzeichnis

Arbeitshefte Boden des NLfB (Heft 2003/1): N. Engel, K. Mithöfer, Bearbeitung, Übersetzung und Auswertung digitaler Bodenschätzungsdaten, Hannover

Arbeitshefte Boden des NLfB (Heft 2004/2): U. Müller, Auswertungsmethoden im Bodenschutz, Dokumentation zur Methodenbank des NLfB, Hannover

Arbeitshefte Boden des NLfB (Heft 2004/4): J. Böhner, Regionalisierung bodenrelevanter Klimaparameter für das NLfB und die BGR, Hannover

Bendix, J. (2004): Geländeklimatologie, Berlin – Stuttgart

Biogasfachverband:
http://www.biogas.org/datenbank/file/notmember/presse/Pressegespr_Hintergrunddaten1.pdf

Bodenkundliche Kartieranleitung, BGR und Geologische Landesämter, Hrsg. (1994): AG Boden, Bodenkundliche Kartieranleitung, Hannover

Broschüre Jühnde: http://www.bioenergiedorf.info/pdfs/06-01-17_fabl_paz.pdf

Burman, R. ; L.O. Pochop (1994): Evaporation, Evapotranspiration and Climatic Data, In: Developments in Atmospheric Science 22, Amsterdam - New York

Demircan, A. (1995): Die Nutzung fernerkundlich bestimmter Pflanzenparameter zur flächenhaften Modellierung von Ertragsbildung und Verdunstung. Dissertation erschienen in: Münchner Universitätsschriften Fakultät Geowissenschaften, München

Die Landwirtschaft, Band 1 (1998): Pflanzliche Erzeugung, München - Münster-Hiltrup

DVWK - Merkblätter zur Wasserwirtschaft (1984) Heft 234/1984, Hamburg - Berlin

DVWK - Merkblätter zur Wasserwirtschaft (1996) Heft 238/1996, Bonn

Ehlers, W. (1996): Wasser in Boden und Pflanze - Dynamik des Wasserhaushalts als Grundlage von Pflanzenwachstum und Ertrag, Stuttgart

Gardner et al. (1985): Physiology of Crop Plants, Ames, Iowa

Geisler, G. (1980): Pflanzenbau - Biologische Grundlagen und Technik der Pflanzenproduktion, Berlin - Hamburg

Göttinger Statistik, Oberbürgermeister der Stadt Göttingen (Hrsg.) (2005): Fachdienst für Statistik und Wahlen, Vierteljährlicher Berichtsdienst 4 / 2005 Text 4, Online-Ressource: www.goesis.goettingen.de/pdf/Aktuell18.pdf

Göttingerland: http://www.goettingerland.de/lplus/index.php

Haferkorn, U. (2000): Größen des Wasserhaushaltes verschiedener Böden unter landwirtschaftlicher Nutzung im klimatischen Grenzraum des Mitteldeutschen Trockengebietes - Ergebnisse der Lysimeterstation Brandis, Dissertation, Georg August Universität Göttingen

Hartge, K. R. Horn (1999): Einführung in die Bodenphysik, Stuttgart

Hartman, H. ; M. Kaltschmitt (Hrsg.) (2002): Biomasse als erneuerbarer Energieträger, Münster

Hoffmann, F. et al. (1982): Nutzung der Sonnenenergie bei Winterweizen und Zuckerrüben im Verlauf der Vegetationsperiode, in: Arch. Acker- und Pflanzenbau und Bodenkunde, Berlin

Holzpelletsmarkt: http://www.depv.de/uploads/media/Holzpelletmarkt.pdf

ITADA (1999): Abschlussbericht zum Projekt A1.3, Wechselwirkungen zwischen Stickstoff und Beregnung bei Mais: Optimierung und Begrenzung der Risiken, Online Ressource: www.itada.org/download.asp?id=A13dL.pdf

Kaden et al. (1999) in: Potsdammer Geographische Forschungen, Band 18: Räumliche Unterschiede im Wassertransfer (Boden - Pflanze - Atmosphäre) in Niederungen des mitteleuropäischen Binnentieflandes, Universität Potsdamm, Potsdam

Kaltschmitt, M. (1997): Nachwachsende Energieträger - Grundlagen, Verfahren, Bilanzierung, Braunschweig – Wiesbaden

Kaltschmitt, M. ; H. Hartmann (Hrsg.) (2001): Energie aus Biomasse, Berlin - Heidelberg

Karpenstein-Machan, M. (2005): Energiepflanzenbau für Biogasanlagenbetreiber, Frankfurt

Karpenstein-Machan, M. et al. (1994): Triticale, Frankfurt

Kartenserver des LBEG Lucida-Map: http://www.lbeg.niedersachsen.de/master/C23145844_N23160414_L20_D0_I17456311.html

Klapp, E (1967): Lehrbuch des Acker- und Pflanzenbaus, Berlin – Hamburg

Kuntze, H. ; G. Roeschmann ; G. Schwerdtfeger (1994): Bodenkunde, Stuttgart

Landesamt für Statistik (2006): Ertragsmesszahlen und Ernteergebnisse für Niedersachsen, Informationsfreigabe nach eigener Anfrage

Landkreis Göttingen: http://www.landkreis-goettingen.de/magazin/artikel.php?artikel=123&type=&menuid=50&topmenu=7

Landvolk: http://www.landvolk.net/3369.php

Landwirtschaftskammer Niedersachsen, Zweigstelle Göttingen - Rosdorf (2006): Agrarstrukturdaten und Flächennutzung im Landkreis Göttingen, Informationsfreigabe nach eigener Anfrage

Larcher, W. (2001): Ökophysiologie der Pflanzen, 6. Auflage, Stuttgart

Leitfaden Bioenergie (2000): Fachagentur für nachwachsende Rohstoffe e.V. Hrsg., Gülzow

Lütke Entrup, N. J. Oehmichen (a) (2000): Lehrbuch des Pflanzenbaues, Band 1: Grundlagen, Gelsenkirchen

Lütke Entrup, N. J. Oehmichen (b) (2000): Lehrbuch des Pflanzenbaues, Band 2: Kulturpflanzen, Gelsenkirchen

Lüttge, U. ; M. Kluge ; G. Bauer (1999): Botanik, Weinheim

Marutzky, R. ; K. Seeger (2002): Energie aus Holz und anderer Biomasse - Grundlagen, Technik, Emissionen, Wirtschaftlichkeit, Entsorgung, Recht, Leinfelden – Echterdingen

Mitteilungen der Ges. f. Pflanzenbauwissenschaften: http://www.gpw.uni-bonn.de/Tagungsband%202005%20internet.pdf

Monteith, J.L. (Hrsg.) (1975): Vegetation and the Atmosphere Vol. 1, London - New York

Monteith, J.L. (Hrsg.) (1976): Vegetation and the Atmosphere Vol. 2, London - New York

Mückenhausen, E. (1993): Die Bodenkunde, Frankfurt

Müller, U. ; W. Ehlers (1987): Verfahren zur Berechnung der Bodenevaporation in Pflanzenbeständen, in: Zeitschrift für Kulturtechnik und Flurbereinigung, 28 S. 394-399, Hamburg – Berlin

Mundel, G. (1992): Untersuchungen zur Evapotranspiration von Silomaisbeständen in Lysimetern, in: Arch. Für Acker- und Pflanzenbauliche Bodenkunde, Band 36, S. 35-44

Niedersächsisches Umweltministerium: http://www.umwelt.niedersachsen.de/master/C1153082_N7853602_L20_D0_I598.html

Niedersächsisches Umweltministerium: http://www.umwelt.niedersachsen.de/master/C1153082_N7853602_L20_D0_I598.html

Plant Data Uni Gießen : http://www.uni-giessen.de/~gh1461/plapada/php/list/content.php

Renger, M. ; O. Strebel (1982): Beregnungsbedürftigkeit der landwirtschaftlichen Nutzflächen in Niedersachsen. In: Geologisches Jahrbuch der BGR, Reihe F, Heft 13

Roth et al. (1988): Transpirationskoeffizienten und Wassernutzungsraten landwirtschaftlicher Fruchtarten, in: Arch. Für Acker- und Pflanzenbauliche Bodenkunde, Heft 6, S. 397-403, Berlin

Roth; D. ; R. Günther (1987): Wasserverbrauchsparameter und Wasserbilanzen von Winterweizen, Sommergerste und Zuckerrüben auf einer Löss-Braunschwarzerde, ermittelt mit wägbaren Feldlysimetern, in: Arch. Für Acker- und Pflanzenbauliche Bodenkunde, Heft 6, S. 395-402, Berlin

Scheffer, F. ; P. Schachtschnabel (1998): Lehrbuch der Bodenkunde, Heidelberg – Berlin

Schittenhelm, S. et al. (2005): Einfluss der Wasserversorgung auf den Biomasse- und Biogasertrag von Energiemais, in: Mitteilungen der Gesellschaft für Pflanzenbauwissenschaften, Heft 17, S. 114-115

Sponagel, H. (1980): Zur Bestimmung der realen Evapotranspiration landwirtschaftlicher Kulturpflanzen, Dissertation, Göttinger Georg August Universität

Statistisches Bundesamt (2006): Statistischer Jahresbericht 2006, Online-Ressource: http://www.destatis.de/jahrbuch/jahrbuch2006_downloads.htm

Statistisches Jahrbuch über Ernährung, Landwirtschaft und Forsten (1974-1980) Landwirtschaftsverlags-GmbH, Münster-Hiltrup

Top 50 Niedersachsen/Bremen: Digitales Kartenwerk des LGN, Version 4, 2003

Wang, S. (2001): Einfluss von Blattstellung und Bestandesdichte auf Ertrag, Qualität, Lichtaufnahme und Blattflächenindex bei Silomaissorten verschiedenen Wuchstyps, Dissertation, Humbold-Universität zu Berlin

Wikipedia Online Enzyklopädie: http://de.wikipedia.org/wiki/Hauptseite

ERDSICHT - EINBLICKE IN GEOGRAPHISCHE UND GEOINFORMATIONSTECHNISCHE ARBEITSWEISEN

Schriftenreihe des Geographischen Instituts der Universität Göttingen, Abteilung Kartographie, GIS und Fernerkundung

Herausgegeben von Prof. Dr. Martin Kappas

ISSN 1614-4716

1 *Claudia Sültmann*
GIS- und Satellitenbildgestützte Landnutzungsklassifikation mit Change detection im Westen der Côte d'Ivoire
ISBN 3-89821-356-0

2 *Katharina Feiden*
GIS - gestützte Analyse der zeitlichen und räumlichen Verteilung der Niederschlagsjahressummen (1961 - 1990) in der Dominikanischen Republik
Charakteristika und Trends
ISBN 3-89821-368-4

3 *Nicole Erler*
GIS- und fernerkundungsgestützte Bewertung von „Natural Hazards“ im oberen Einzugsgebiet des Rio Yaque del Norte (Dominikanische Republik)
ISBN 3-89821-409-5

4 *Martin Kappas, Frank Schöggl*
Bodenerosion in der Dominikanischen Republik
Eine vergleichende Studie zum Bodenabtrag auf Argrarflächen mit und ohne Erosionschutzmassnahmen
ISBN 3-89821-423-0

5 *Randy Thomsen*
Change Detection – fernerkundungsgestützte Methoden zur Ableitung des Landnutzungswandels in den Tropen (Fallbeispiel Dominikanische Republik)
ISBN 3-89821-433-8

6 *Sören Steinbach*
Visualisierung und Quantifizierung von Überschwemmungsbereichen am Mittellauf der Elbe
GIS-gestützte Modellierung von Überschwemmungen
ISBN 3-89821-530-X

7 *Jobst Augustin*
Das Seegangsklima der Ostsee zwischen 1958 und 2002 auf Grundlage numerischer Daten
ISBN 3-89821-572-5

8 *Martin Kappas*
Naturraumpotential und Landnutzung im Oudalan – eine Fallstudie aus dem Sahel Burkina Fasos zur Anwendbarkeit von Fernerkundungsmethoden im regionalen Maßstab
ISBN 3-89821-664-0

9 *Ortwin Kessels*
Qualitätsanalyse verschiedener digitaler Geländemodelle und deren Eignung für die Prozessierung von Satellitenbilddaten in den Tropen
ISBN 3-89821-603-9

10 *Christian Knieper*
Remote Sensing Based Analysis of Land Cover and Land Cover Change in Central Sulawesi, Indonesia
ISBN 3-89821-646-2

11 *Mareike Lehrling*
Klimaentwicklung in Alaska - eine GIS-gestützte Erfassung und Analyse der raum-zeitlichen Entwicklung von Temperatur und Niederschlag
ISBN 3-89821-670-5

12 *Daniel Karthe*
Trinkwasser in Calcutta
Versorgungsproblematik einer indischen Megastadt
ISBN 3-89821-661-6

13 *Enrico Kalb*
Landnutzungsinterpretation und Erosionsmodellierung der Küstenregion von Nordost Bali, Indonesien
ISBN 3-89821-666-7

14 *Anke Gleitsmann*
Exploiting the Spatial Information in High Resolution Satellite Data and Utilising Multi-Source Data for Tropical Mountain Forest and Land Cover Mapping
ISBN 3-89821-727-2

15 *Arno Krause*
Einführung eines GIS für die Landwirtschaftsverwaltungen der BRD auf Grundlage EU-rechtlicher und nationaler Verordnungen
unter besonderer Berücksichtigung des Bundeslandes Mecklenburg-Vorpommern
ISBN 3-89821-738-8

16 *Pavel Propastin*
Remote sensing based study on vegetation dynamics in dry lands of Kazakhstan
ISBN 978-3-89821-823-8

17 *Matthias Stähle*
Trinkwasser in Delhi
Versorgungsproblematik einer indischen Megastadt
ISBN 978-3-89821-827-6

18 *Roland Bauböck*
Bioenergie im Landkreis Göttingen
GIS-gestützte Biomassepotentialabschätzung anhand ausgewählter Kulturen, Triticale und Mais
ISBN 978-3-89821-959-4

ibidem-Verlag
Melchiorstr. 15
D-70439 Stuttgart

info@ibidem-verlag.de

www.ibidem-verlag.de
www.edition-noema.de
www.autorenbetreuung.de

MIX
Papier | Fördert gute Waldnutzung
FSC® C083411

Zeitfracht Medien GmbH
Ferdinand-Jühlke-Straße 7
99095 Erfurt, Deutschland
produktsicherheit@kolibri360.de